食品知識ミニブックスシリーズ

食品包装入門

水口眞一 著

日本食糧新聞社

発刊にあたって

食品包装の本来の役割は、食品を包装することによって、外界のあらゆるストレスから食品を守り保護することです。そのため、生産者から生活者のもとまで食品を変質させることなく完全な形で届けることが使命となります。そして、店頭で「食品の顔」として生活者と直接ふれあって情報を発信し、伝達するのもパッケージの重要な役割となります。

いにしえから生活に密着して育まれてきた包装は、食品包装においてもいち早く時代のニーズを察知して、その時代の最先端の技術を取り入れ発展してきました。そのため、法規制をはじめ、あらゆる規範に対し社会的責任を果たすよう求められています。

包装産業は約6兆円の規模ですが、そのうち5～6割は食品の包装として使用されており、それだけに食品と包装の関連は強いといえます。いまや、包装がなければレトルト食品などの加工食品、清涼飲料などの飲料は世の中に存在し得ません。

現在の食品は、多水分系や低糖・低塩などのニーズが強く、乾燥や糖蔵・塩蔵などの伝統的な保存方式とは逆ベクトルになっています。それを解決するのが食品包装となりますが、そのなかでも包装の機能と技法が重要な役割を果たしています。

食品包装では、食品と直に接することが多いため、食品と同じレベルの衛生性が必要とされます。食品の「安全・安心」が強く叫ばれている現在、食品の衛生性・安全性を保つには包装が必要不可欠となります。とくに酸性食品、油脂食品、アルコール食品、高温殺菌食品などの包装には、衛生・安全の確認と同時に包装資材の選定に万全の配慮がなされています。

いま、食品包装に求められているもので世界的潮流として品質、安全、衛生、環境の4つのキーワードがありますが、加えて情報伝達、利便・簡便性、社会的弱者などに対する配慮も求められています。

食品包装は、このように社会的に大きな影響力をもつため、いろいろな視点から見て対応する必要があり、食品包装に関連する幅広い知識の習得が必要不可欠となります。

本書では食品に関連する方々、食品流通に関する方々、包装に関連する方々、また、消費者・生活者の皆さんに参考になると思います。

最後に、食品のわき役として包装関連の数々をあたたかく見守り、育んでくださり、かつ本書出版の機会をくださった日本食糧新聞社に厚く感謝をいたします。

平成28年8月

著者

目　次

第1章 「食品を包装する」とは

1 食品と包装との出会い（歴史と文化）

(1) パッケージ（包装）の原点

人類が地球上に現れて社会的な共同生活を営み、互いに交易するようになると、食物などを「入れるもの」や「保存するもの」、「運ぶもの」が必要となった。ここから木皮籠、藤籠、竹籠、つぼ、樽、びん、簀《す》、筵《むしろ》が生まれ、包装の原点になるものが誕生した。

紀元前4000年頃には中国の仰韶《ぎょうしょう》文化が開花し、写真1―1のような彩陶器が登場した。この美しく彩色された陶器は、生活必需品と同時に美しさを感じさせる立派なパッケージである。この時代から包装は、単に機能を満足させるだけでなく、装飾的な審美眼をもって造られており、機能美と装飾美とが重なって情報を発信し、ひとを和ませ、またあるときは、ひとを驚かせながら差別化やファッション化を楽しんでいたと思われる。

さらに文化が進んで、1000年ほど前にわが国の東北地方で発明された「藁苞《わらづと》納豆」（写真1―2）は、世界に誇る最高傑作の食品包装である。

このように包装は、

写真1－1　仰韶文化の彩陶器
（BC4800 ～ 4300）

時代の流れとともに、生活の知恵として時代の最先端の情報や技術を取り入れて育まれ、その時代を代表する文化のバロメーターとなっている。

写真1－2　藁苞《わらづと》納豆

(2) 詰める文化と包む文化

「包装」は「包んで装う」といわれるように、わが国の伝統的文化が表れており、「包む」ことが文化として生活に深く浸透している。一方、欧米ではびん詰や缶詰のように「詰める」イメージが強い。

「つつみ」は、古代では「かくす」「さえぎる」という意味に使われ、「包むことにより外界にある汚れから内界を守り、清いもの、聖なるものに保つ」という意味がある。このことから、「包む」ことが日常生活における保護・貯蔵・運搬という機能だけでなく、精神面・文化面でも深く生活のなかに根ざしていることが理解できる。

(3)「包み」の歴史

奈良時代の「包み」は、天変地異を鎮めるため、ワラで結界を造る「注連縄《しめなわ》」に代表されるような「結び」、「信仰の包み」である。奈良平城京は、年貢として物産品が集められ、その輸送用として保護・貯蔵・運搬用に箱、びん、籠、袋などが、かなり完成度の高い包みとして使用されていた。

平安時代では、公家や武家の有職故実として茶道や華道の隆盛とともに茶菓子への包みの美が

「造形の包み」として育まれ、わが国独特の文化が造られた。箱ものには、皮張り、竹編み皮籠《かわご》、葛籠、櫃《ひつ》、笈《きゅう》が用いられ、袋ものは、上刺《うわざし》袋、頭に載せて歩く戴《いただき》袋が庶民の間で使われた。稲籾運搬用の俵はすでに完成され、液体の貯蔵と運搬には木片と竹の箍《たが》で作った桶、木皮で縫ったまげものが用いられた。

江戸時代になると商業が発達し、大消費地の都市へ販路が広がり、商品の輸送にはしっかりした包みが要求されるようになった。陸路や海路も盛んになり、「大形輸送包み」はコンテナーへと発展する。また、商品には産地や商品名のブランド表示が求められ、情報伝達機能が求められた。江戸商人文化は「業務の包み」として清酒、醤油に樽、穀類や塩に叺《かます》、俵、麻袋が発達し、オランダや唐との交易には俵・樽・桶・櫃が使用された。庶民生活には、軽く運びやすい樽、火桶、水桶の木製容器が広く浸透した。

ところで、風呂敷文化は奈良時代に蒸し風呂の敷物として考案・使用された、わが国独特のものである。「包む」目的で使われたのは江戸文化からで、日本人の手先の器用さと、中身の大きさや形にとらわれず包める機能が受けたのが相まって必需品として定着した。上方商人が江戸進出を狙って商標を染めた風呂敷で東海道を下り、街道の人々から評判になったという話は有名で、現代の販売推進機能にも通じる。

(4) 文明開化から始まった包装

ナポレオンが軍需用に作ったといわれる缶詰(実はびん詰)は、加熱滅菌され飛躍的に保存性が向上した。わが国の缶詰やびん詰は明治維新とともに始まった。1871（明治4）年に初めて缶詰が製造され、77年には北海道の5工場で半自動製缶機を用いた缶生産が始まり、その後日清・日露戦争で急速に需要が高まった。

一方、びんについては、1873年に品川硝子製作所で手吹きびんが生産されたが、ビール、洋酒の需要が高まるとびんが不足し、1916（大正5）年に自動製びん機が導入されて生産が上がった。清酒は、酒屋店頭に持参した手桶や徳利で量り売りしていたが、1900（明治33）年頃に1合、2合、4合、1升のびん詰が発売された。24年に自動製びん機で一升びんが量産され普及が進んだ。

パッケージにもっともよく使用されている紙については、1911（明治44）年に日本紙器製造所で化粧品や医薬品の美術印刷紙器が製造された。それよりも早い1909年にレンゴーは段ボールの製造を始めている。1924年には小島印刷会社がブリキ印刷を始め、26（昭和元）年には光進社がセロハンの製造を開始した。

この時代の商品は量り売り、ばら売りが大半を占めていたが、少しずつファミリーユースの時代に入り、大形容器で購入することが多くなった。1913（大正2）年に森永製菓がキャラメルのばら売りを基本に80粒を缶に入れて販売していたが、翌14年に紙サック函が開発された。これにより20粒と10粒入りが個人用に発売され、いよいよ個装の時代に入った。

明治・大正時代は、ガラス、紙、金属缶などの生産設備が導入され製品化されたが、品質はあまり良いとはいえなかった。流通も対面販売の地域限定販売に限られ、包装も多くは人手による包装作業がなされていた。

(5) 流通革命がもたらしたパッケージ革命

1953(昭和28)年紀ノ国屋開店からセルフサービス時代の流通革命が始まり、57年ダイエー、1971年にはイトーヨーカ堂、ジャスコ(イオン)が参入して大型小売量販店へと発展する。アメリカから導入されたこのスーパーマーケット方式は大量仕入れ、大量販売、セルフサービス販売が特徴で、これまでの対面販売と異なり、パッケージが商品の顔となった。生活者はパッケージを見て判断し購買することになり、パッケージの役割が重要視され、以下のように新たな機能が求められるようになった。

・大量のプレパッケージ、すなわち、ばら売りから個包装へ切り替わるので、きれいに見える透明な事前包装(ストレッチパックなど)
・大量包装するための包装機械適性(ヒートシール性など)
・セルフサービスのために必要な販売促進性(印刷効果、情報伝達など)

この流通革命と前後して近代科学の発展は、あらゆる産業に大きな影響を与えたが、そのなかでも石油化学、プラスチックの出現は、従来からの包装の思想を根本からくつがえすコペルニクス的転回の革新をもたらした。プラスチックは、既存の木、金属、紙、ガラスなどの包装素材料との共存で、近代化への転換を図りつつ急速な発展をとげてきた。

1951(昭和26)年にポリエチレン(PE)が輸入されてPE袋が現れ、55年になるとPEが国産された。59年にはポリエチレンテレフタレート(PET)フィルムとポリスチレン(PS)とが、60年からはポリプロピレン(PP)が国産化された。65年にポリカーボネート（ＰＣ）、68年には二重延伸ナイロン（Ｎｙ）フィルムなど多くのプラスチックが登場し、複合技術も確立して商品の保存性が格段に上がり、販路も広がっていった。

物流面では、道路の舗装率が輸送包装に与えた影響が大きい。１８７８（明治11）年に車道の本格的な舗装が施工され、１９２６（大正15）年には国道15号線が約17㎞舗装されて徐々に増加していったが、戦争により中断された。戦後の１９７０（昭和45）年では、簡易舗装を含めた道路の舗装率が全国の一般道路の約15・０％であったが、以降上がり続けて２００９（平成21）年には約80・1％（うち一般国道は99％）に達している。

高速道路は、１９６２（昭和37）年に首都高速道路1号線が建設されたのが始まりで、翌63年に名神高速道路が一部開通し、65年には全線開通した。69年には東名高速道路が全線開通した。このように一般道路や高速道路の整備が進み全国網が構築されると、物流も全国化が浸透していった。

また、港湾や空港の整備と相まって、海路や空路が発達したために国際化が急速に高まり、流通革命の到来を告げた。今や原料の調達のみならず、完成された商品の調達までも海外に依存するようになり、国際化は止まるところなく進展している。そのために一国だけの規格や規制に満足するだけでなく、国際間の規約・規制など国際整合性を取らなくてはならない時代になってきた。

(6) 情報化社会がもたらす包装

情報化社会を迎えて、テレビ、チラシ広告とともに、インターネットから得られる商品情報もかなり有効となっている。ネットからはその商品を使ったレシピが取り出せるばかりでなく、生産者、製造者の品質管理や商品の状態などをみて安全、安心をチェックすることもできる。

一方、店舗販売では、包装につけられた情報より売上げや在庫などが瞬時にわかり、受発注も自動化されるサービス化や情報化が著しく進展している。そのうえ、購買商品の詳細なデータや売れ筋商品などがリアルタイムに判明できるため、売れ筋商品に特化した店舗陳列が可能になった。商品のライフサイクルが短くなってしまう欠点もあるが、反面データ解析によって、生活者の消費行動やニーズが把握でき、新製品開発の貴重な資料として新商品開発に反映されている。

包装を行う現場では、過去には3Kを背負った暗いイメージが強かった。しかし、今や包装が商品の一部と認識されるようになると、商品の保存性を高める役割と同時に商品の顔としての重要性が認識され、陽の当たる場所として外部に積極的に見せる部門へと変化している。

また、対面販売からセルフサービス販売へと販売様式が移行し、生活者との直接の接点はパッケージに頼らざるを得なくなり、包装は、製造者と生活者との間の情報を受発信するコミュニケーションの場づくりとしての役割を担っている。さらに、ネットによる産地直送、工場直送、海外との販売・取引が一般化され、定着しつつある現在は、より密着した関係となり、それにともなって産地直送用の識別表示による簡易包装が求められている。

現代の包装は、包みの文化を大切にしながら、生活者の訴求にマッチした製品作りをすることが原則で、そのため〝もの〟の本質をとらえ、商品企画から製造、保管、流通、消費までをシステム化する必要がある。そして「リサイクル社会」「循環型社会」づくりを視野に入れた環境に負荷の少ない包装づくりを心がけ、生活者へよりよい商品を送り届けることが私たちにかけられた責務である。

　総括して写真1—3にわが国の代表的な伝統的包装を掲げる。

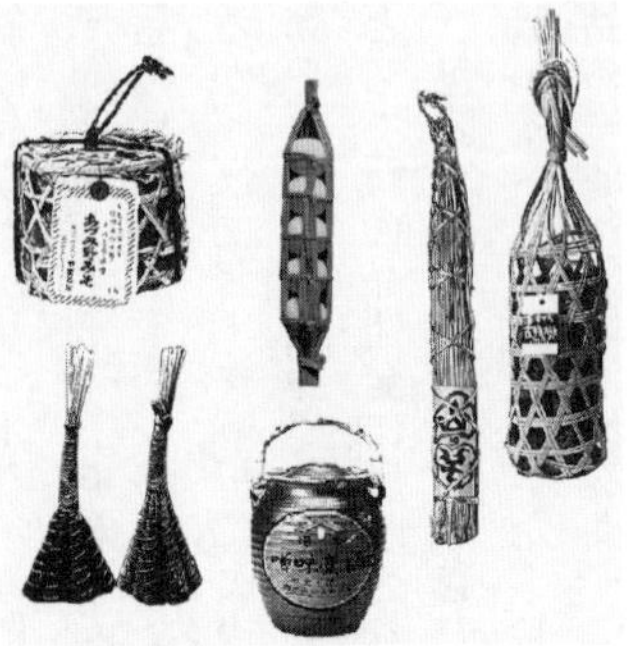

岡　秀行「伝統的パッケージ」

写真1－3　伝統的パッケージ

2　食品包装とは
—社会的な影響が大きい包装—

　一般の生活者のなかには、「包装は食品を売るためにきれいに飾っているだけのもので、食べてしまえば捨ててしまうのでいらない」という人がいる。本当に包装はいらないのかと自問したとき、包装の有意義性がみえてくる。わが国の歴史でも、衣食住のなかでももっとも身近な食品は、包装がなければ存在しないものが多くある。

　食品包装とは、あらゆる条件下でも内的障害および外的障害から食品を保護するために施すものである。おいしく安全な食品を生活者に届ける役割があり、どのような障害にあっても食品を守ることが包装の使命なので、食品の一部としてみら

図表1－1　もし包装がなかったら

①包装材料	◆昔ながらの天然素材の包装材料だけ	◆保護機能に欠ける（とくにバリア性）
②販売	◆セルフサービス販売が存在しない ◆塵埃・細菌の付着で不衛生	◆地域販売で、量り売り ◆容器を持参（豆腐を入れる鍋など）
③流通	◆製品の破損・ロスが多い ◆農産物・穀類は虫害による被害が多い ◆スチール製品は錆びる	◆温度別配送ができず鮮度が著しく低下 ◆狭い地域の流通に限定される
④食品包装	◆多水分系食品、半生菓子など存在しない ◆携帯用食品など戸外消費ができない ◆細菌、カビなどが増殖しやすい ◆油揚菓子、ナッツ類はすぐに酸化される	◆長期保存商品は不可 ◆バリア機能・防水機能に欠ける ◆二次汚染がひどくなる ◆レトルトや電子レンジ食品は存在しない
⑤医薬・医療	◆包装医薬品を行政に申請し、認可されることは包装が商品の一部 ◆デスポーザブルな医療品は存在しない	

れるが、包装自体は商品にはなり得ない。そのため、包装無用論・不要論が生まれたが、「もし包装がなかったら」と仮定をしたとき、どのようなことが起きるのかを図表1―1に示した。

食品を包装する意義は、当然包装必要論・存在論が根源にあり、その上に立脚して現代の包装を論じなくてはならない。

第2章

包装産業の規模と食品包装

1 包装資材と包装機械の産業規模

(1) 包装資材の産業規模

わが国の包装産業出荷統計を1995（平成7）年と2014年との対比で図表2―1に示したが、成熟産業となり、包装に対する需要動向が経済状態により左右されるようになった。原油の値上がり、容器包装リサイクル法の制定と廃棄物減量化問題、安価な輸入品への対応、景気停滞などから、この約20年間に、包装資材の出荷金額と数量は減少している。これらの推移をみると（図表2―2）、出荷金額と数量とも17%減になっている。

図表2―3に、95年と14年との包装材料別に出荷金額と出荷数量の比率を示した。95年の数量は紙類、プラスチック、金属の比率が高く、ついでガラスが健闘していたが、14年になると紙類、プラスチックが増加し、金属とガラス、木製品が減少している。これらは社会的な変化、生活者の志向と利便性などが大きく影響している。

図表2－1　日本の包装産業出荷統計

	1995年（H7）	2014年（H26）	増減
包装・容器出荷金額（億円）	68,306	56,620	▲11,686（▲17.1%）
包装機械生産金額（億円）	4,821	4,587	▲234（▲4.9%）
合計（億円）	73,127	61,207	▲11,920（▲16.3%）
包装・容器出荷数量（万t）	2,274	1,883	▲391（▲17.2%）
包装機械生産台数（千台）	664	353	▲311（▲46.8%）

資料：（公社）日本包装技術協会

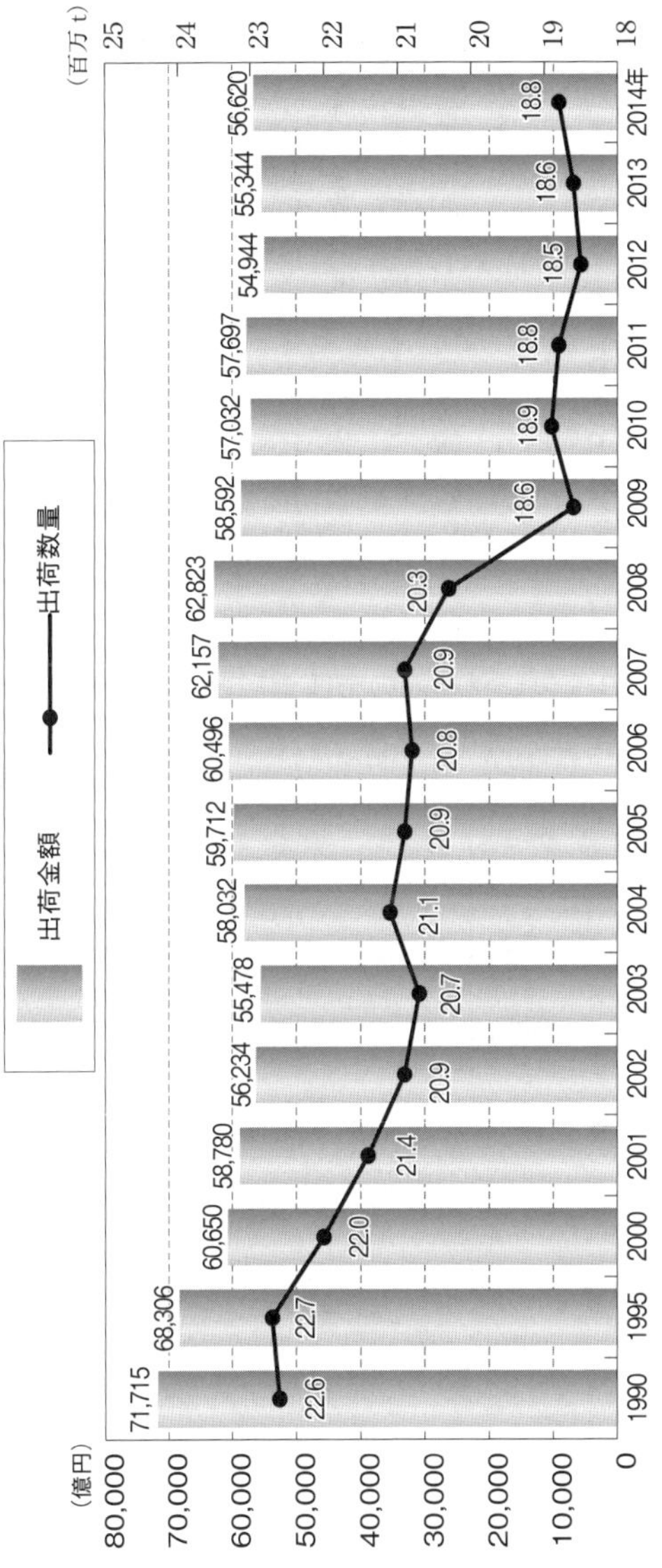

資料：（公社）日本包装技術協会

図表２－２　包装材料の出荷金額と数量の推移

(2) 包装機械の産業規模

(公社)日本包装機械工業会の包装機械生産統計より、包装機械・荷造機械の生産金額の推移を図表2―4に示した。同工業会設立当初から右肩上がりに上昇し、1992(平成4)年に最高の生産高を記録したがそれ以後今日までの推移である。同年以降の包装機械は、経済状況に左右されながら多少の増減はあるものの、横ばいか減少状態にあるが、荷造機械は徐々に減少傾向にある。

2 包装産業中に占める食品包装の位置づけ

包装産業は前述のように約6兆円の規

図表2－3　包装材料別の出荷金額と出荷数量の比率

	出荷金額比率			出荷数量比率		
	1995年	2014年	増減	1995年	2014年	増減
紙・板紙製品	41.5%	40.8%	-0.8	56.9%	63.3%	+6.4
プラスチック製品	22.4%	31.3%	+8.9	15.0%	18.7%	+3.7
金属製品	22.1%	16.2%	-5.9	12.3%	8.2%	-4.1
ガラス製品	3.2%	2.2%	-1.0	9.8%	6.7%	-3.1
木製品	4.8%	2.3%	-2.0	5.2%	3.1%	-2.1
その他	6.0%	7.2%	+1.3	0.8%	−	−

資料：(公社) 日本包装技術協会

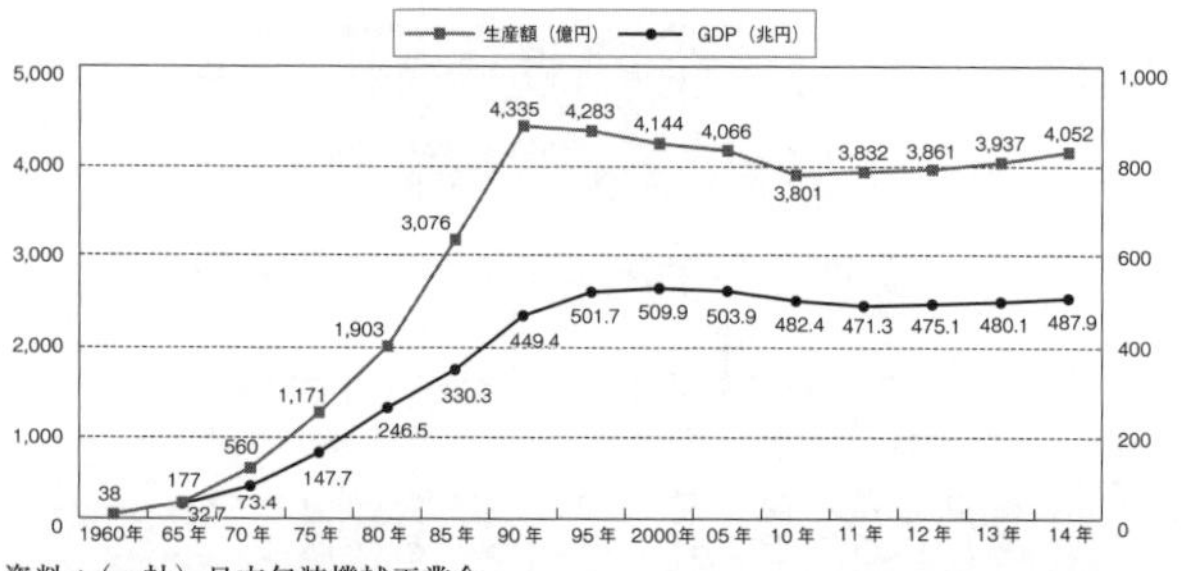

資料：(一社) 日本包装機械工業会

図表2－4　包装機械・荷造機械の生産金額の推移

模であり、一般に包装は売価に対し10％といわれるので、約6兆円の10倍、約60兆円の産業に関係していることになる。うち50～60％は食品包装であると想定されるので、約30～36兆円程度になる。

食品製造業は約30兆円の産業規模であるので、ほぼすべての食品が包装されているといっても過言ではない。包装資材の場合は、食品包装としての用途が特定できないものが多いためにあくまで推定である。

包装機械の場合には設備投資なので用途が特定できる。包装機械の需要別シェアを図表2―5に示した。需要の約50％が食品であることから、包装資材も50％程度であろうと想定される。

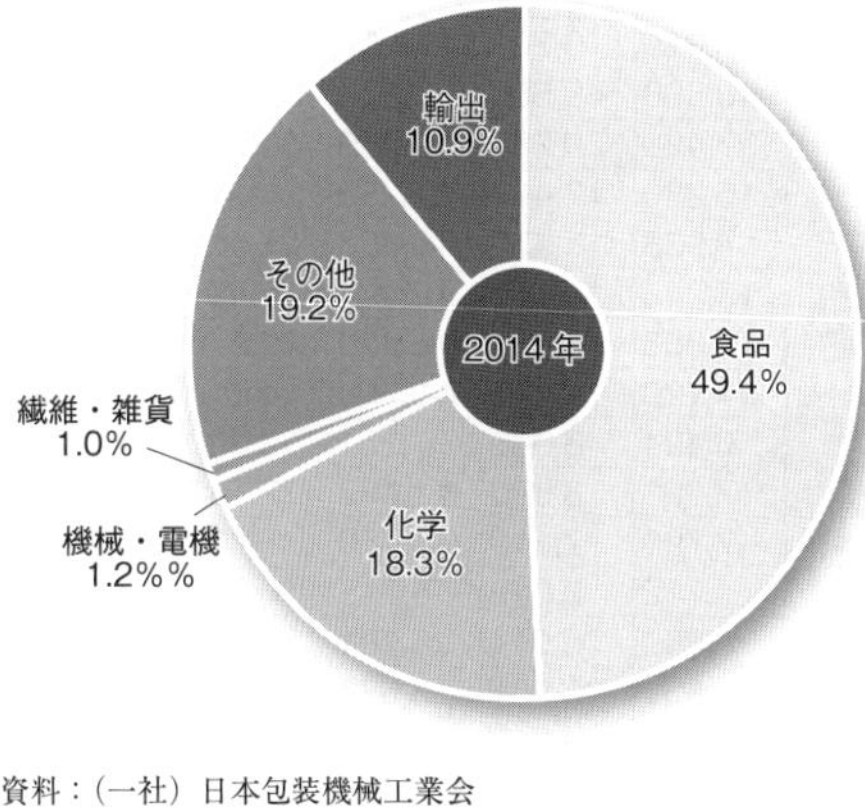

資料：（一社）日本包装機械工業会

図表2－5　包装機械の需要別シェア

3　包装産業の世界との比較

(1) 包装資材の世界における位置づけ

包装資材生産出荷金額の世界ランキングの15位までを図表2―6に示した。わが国は米国に続いて第2位となっているが、米国の出荷金額は途方もなく大きく、世界全体の25％ぐらいを占めており、わが国の2倍になる。経済成長の著しい中国は現在第3位で、わが国を抜いて2位になる日もあまり遠くないと思われるが、人口が多いため、1人当たりの出荷金額ではかなり低い。

(2) 包装機械の世界における位置づけ

世界13カ国で結成した包装機械団体（ＣＯＰＡＭＡ）は、相互の情報交換、統計の開示などを行っ

図表２－６　世界ランキング上位の包装資材生産出荷金額

		2001年	2002年	2003年	2004年	2009年予想	2004年1人当たり
1	米国	113,015	110,731	112,538	114,789	126,259	390
2	日本	48,896	45,505	48,814	54,541	59,014	427
3	中国	27,420	29,739	32,056	34,663	51,415	27
4	ドイツ	16,230	17,437	21,259	23,145	24,976	281
5	フランス	14,938	16,455	19,455	21,462	23,805	357
6	イタリア	13,745	15,100	18,426	18,851	21,421	350
7	英国	14,658	15,046	16,430	20,076	21,829	318
8	カナダ	11,120	11,744	13,559	14,614	16,147	464
9	ロシア	6,494	8,000	11,351	13,200	18,520	93
10	スペイン	7,791	8,680	11,026	12,147	13,888	296
11	ブラジル	7,790	7,112	7,786	7,828	12,328	44
12	インド	4,712	5,069	6,245	6,913	13,412	6
13	メキシコ	5,900	6,014	5,781	5,498	6,260	53
14	韓国	4,931	5,351	5,677	6,299	8,377	132
15	インドネシア	3,454	4,228	5,075	4,973	7,606	23
上記15カ国合計		301,094	306,511	335,478	359,089	425,257	
世界全体		376,140	382,803	427,210	459,263	563,847	

資料：（公社）日本包装技術協会
注　：単位は百万ドル。ただし、2004年1人当たりはドル。

ている。図表2－7は加盟10カ国の99年と09年との生産量を比較したもので、ドイツ、中国、イタリア、英国の大きな伸びに対し、米国、日本、スイス、フランスの伸びは低い。99年は米国、日本、ドイツ、イタリア、中国の順であったが、09年にはドイツ、中国、米国、イタリア、イギリスとなり、ドイツと中国の伸びが突出しているが、中国は包装機械位阿木の機械類（段ボール製造機など）まで入っているため、実態を表していない。それに比べ、わが国の生産高の低調さが目立つ。

一方、輸出入では、ドイツ、イタリアの輸出高が圧倒的に高い。これは、EU域内での関税撤廃、ユーロの統一通貨による価格比較、さらに、地続きで国境を容易に越え自由貿易ができるためである。さらに、ヨーロッパ諸国の包装機械は品質が良く、適度の大きさで、デザインも良く、使いや

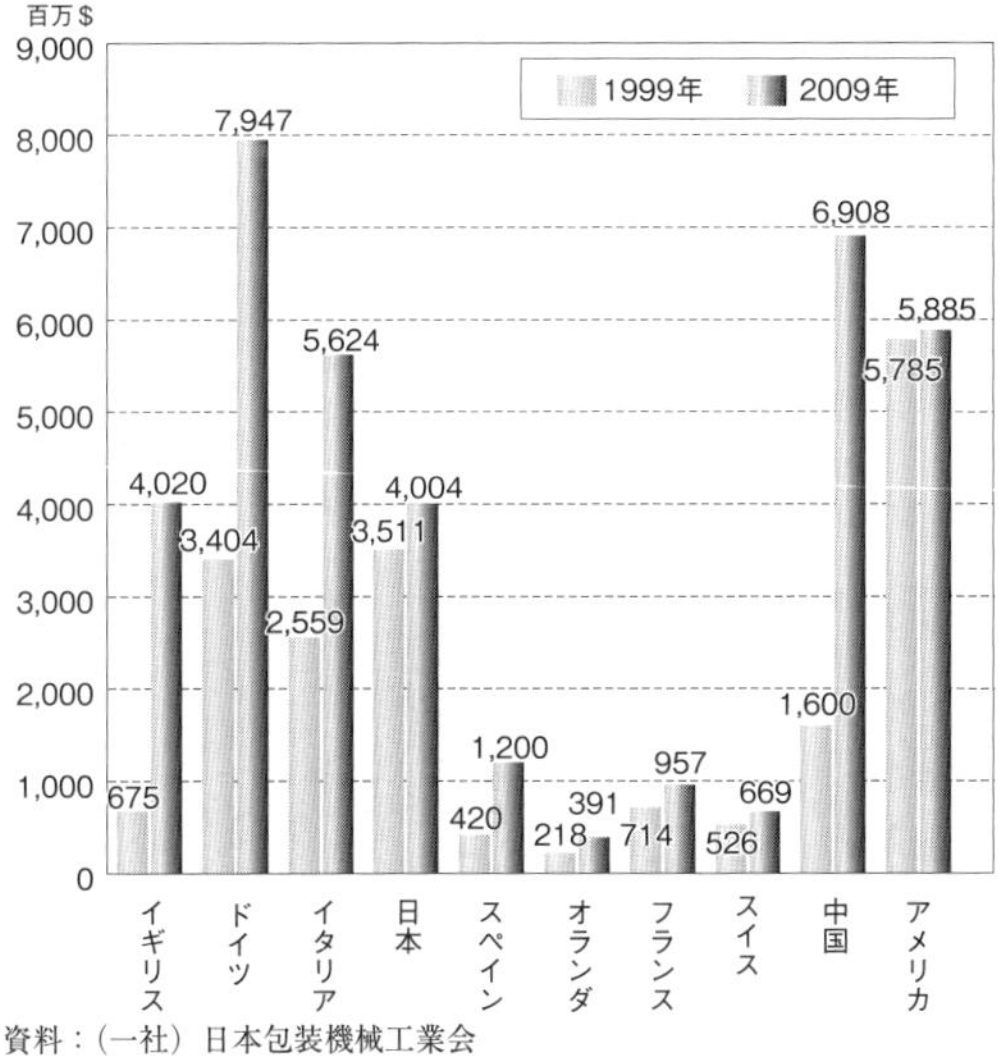

資料：（一社）日本包装機械工業会

図表２－７　COPAMAの生産高

すいとのことから世界中に販路を広げている。中国は世界第2位の生産国であるが、経済の急成長に対し包装機械が不足していて、高機能機や高速機の導入が必要となり、輸出額が輸入額より多くなっている。わが国では輸出（約10・9％）は低いため、今後は15％を目標に輸出用の包装機を設計していく必要がある。

第3章 包装材料・資材

1 おもな包装材料と特徴（機能）

現在使用されているおもな包装材料を図表3―1に示したが、安価で機能性をもった、加工性のよいさまざまな素材が使用されている。生活に密着している包装には、社会的責任が重く、法的規制遵守、消費者保護、環境負荷低減、利便性、ユニバーサル・デザイン対応、商品性、保護性能、安全性、衛生性が求められ、それに適合した包装材料が必要とされる。

包装材料は、伝統的な藁《わら》、木、竹、蔓《かずら》、木皮、葉から明治・大正時代には紙、金属缶、ガラスびん、段ボールに移行し、戦後にプラスチックが加わって現在の包装材料の基本が構築された。包装用の包装材料は、内容物を十分に保護し、軽く持ちやすく、衛生的に安全で、さまざまな形状に加工ができ、外観がきれいで、環境に負荷がかからない、安価なことが求められる。図表3―2に1995（平成7）年から2014年までの容器包装別出荷金額・出荷数量を示したが、包装材料は紙、プラスチック、金属、ガラス、木材が主流で、紙とプラスチックが増加、ほかは減少している。

紙は基本的には生分解性で、剛性と緩衝性があり、安価なため紙器や段ボールに多く使用されている。また、プラスチックと積層すると耐水性が付与でき、剛性があるため液体用紙容器に用いられる。

プラスチックは保護機能が高く、安価でさまざまな形状に加工ができ、多くの材料と積層ができ

図表3－1　包装材料の分類

包装材	小分類		具体例
金属	スチール（鉄）		食缶、飲料缶、装飾缶、ドラム缶、18リッター缶、高圧容器など
	アルミニウム		飲料缶、押し出しチューブなど
ガラス	びん		飲料びん、食料用・調味料用びん、化粧品びん、薬びんなど
紙・板紙	洋紙	包装用	両更クラフト紙、ロール紙、包装用紙など
		薄葉紙	グラシン紙、薄葉紙など
		加工用原紙	塗工用原紙、含浸加工用原紙、硫酸紙原紙、紙紐原紙など
	板紙	ダンボール原紙	外装用ライナー、内装用ライナー、中芯原紙など
		白板紙	白ボール、マニラボール、黄板紙、チップボール、色板紙、雑種板紙（ワンプ、紙管原紙）など
	和紙		せんか紙、紙紐原紙、包装用紙など
	加工紙	塗工紙	クレーコート紙、ターポリン紙、合成樹脂塗工紙など
		含浸加工紙	蝋紙、油紙、合成樹脂含浸紙、硫酸紙など
		積層加工紙	ターポリン紙、合成樹脂ラミネート紙、アルミ箔ラミネート紙など
セロハン	普通セロハン		一般用、ラミネート用、テープ用など
プラスチック	防湿セロハン		ヒートシール用、ラミネート用など
	熱硬化性樹脂		フェノール、ユリア、メラミン、不飽和ポリエステルなど
繊維	熱可塑性樹脂		ポリエチレン、ポリプロピレン、ポリエステル、ポリスチレン、ポリ塩化ビニル、ポリ塩化ビニリデン、ナイロン、ポリカーボネート、エチレンビニルアルコール共重合などのフィルム、容器、緩衝材など
	繊維袋		綿、麻、化学繊維、合成繊維の袋など
木	木樽包装		和樽用、洋樽用など
	木箱包装		透かし箱、枠組箱、ワイヤーバウンド、合板箱など
	木製コンテナー		
	折り箱		
その他	わら		俵、あら縄など
	コンテナー		フレキシブルコンテナーなど
	粘着テープ		紙、プラスチック、セロハンなど
	その他		竹や木の葉・皮・茎などを使用した容器など

図表3－2　包装資材の出荷金額・数量の構成比

年	出荷金額構成比(%)					
	紙・板紙	プラスチック	金属	ガラス	木	他
1995	41.5	22.4	22.1	3.2	4.8	5.9
2002	42.6	25.3	19.4	3.0	3.3	6.4
2005	41.4	28.3	18.0	2.4	2.7	7.1
2010	42.2	29.8	16.8	2.3	2.3	6.6
2013	41.5	30.1	16.5	2.3	2.3	7.4
2014	40.8	31.3	16.2	2.2	2.3	7.2
年	出荷数量構成比(%)					
	紙・板紙	プラスチック	金属	ガラス	木	他
1995	56.9	15.0	12.3	9.8	5.2	0.8
2002	59.9	17.9	10.3	8.0	3.8	－
2005	60.5	19.2	9.5	7.3	3.5	
2010	61.6	19.2	8.8	7.2	3.2	
2013	62.8	18.8	8.4	6.8	3.2	
2014	63.3	19.7	8.2	6.7	3.1	

資料：JPI統計

る。金属のボトルは重いため、プラスチックボトルへと移行している。

缶では、スチール缶は高温殺菌用のコーヒー缶などが主流となり、アルミ缶はビールなどの陽圧飲料に多く用いられている。

また、ガラスはリユースもリサイクルもできる優等生であるが、重く割れやすいので需要が減少している。木材は重量物包装には欠かせない素材で、根強い需要がある。

2 金属容器包装

(1) 金属缶（スチール缶、アルミ缶）

金属缶詰は、肉類、魚介類などを1年以上保存する目的で作られた食品缶詰が起源である。現在の金属缶は、重く、一度開封したら全部消費しなくてはならないため、ほかの包装容器に移行している。飲料でも剛性を必要とするコーヒーや茶類の負圧飲料缶には使用されているが、多くは軽くて再封できるPETボトルへ、加工食品缶詰は同じレトルト釜で殺菌したレトルトパウチへと変更している。金属缶に使用する金属材料は、ブリキ、薄スズ目付鋼板（LTS）、ティンフリー・スチール（TFS）とアルミがある。昔から鉄の表面に約0・3㎛厚の金属スズをメッキしたブリキを使用し、ハンダで胴を接合した缶を使用してきたが、スズの高騰からこれを50％程度減らしたLTSに代わり、さらに金属クロムを0・015㎛厚にメッキをしたTFSに代わり、現在はこのTFSが主流となっている。

缶種には、図表3―3のようにスリーピース（3P）缶とツーピース（2P）缶とがあり、3ピース缶は、1995年の54・4％から09年には21・

図表3－3　わが国の金属缶種別市場状況

缶種類		1995年		2009年推定		09年／95年
		億缶	%	億缶	%	%
スリーピース缶		185	54.4	68	21.5	▲63.2
	溶接缶	100	29.4	68	21.5	▲32.0
	接着缶	81	23.8	0.3	0.0	▲99.6
	はんだ缶	4	1.2			
ツーピース缶		155	45.6	248	78.5	＋60.0
	スチールDI缶	34	10.0	152	48.1	＋4.8
	アルミDI缶	111	23.8			
	アルミリシール缶	－	－	18	5.7	＋100
	打抜き缶	4	1.2	6	1.9	＋50.0
	ラミネート缶	6	1.8	72	22.8	＋110
合計		340		316		▲5.8

5％まで減少し、反対に2ピース缶は45・6％から78・5％に上昇している。3ピース缶は18ℓ缶以外、ほとんどハンダ缶は使用されず、接着缶も同様で、溶接缶が3ピース缶の大半を占める。

一方、2ピース缶は深絞りカップを成型し、缶側壁を2～4段にしごいた「絞りしごき缶」（DI缶＝Drawn&Ironed Can）が主流である。缶体が薄くなるため飲料の陽圧缶に適し、常温で0.3～0.4kg/cm^{2}以上のビールや炭酸飲料の陽圧缶として、アルミDI缶が多く使用されている。しかし、缶内にはサビや腐食が出ないように内面塗工が必要とされる。このほかに薄鉄箔の両面にPETフィルムを貼ったラミネート鋼板があり、これを薄肉深絞り加工した缶がラミネート缶である。内面塗工が不要となり、乾燥する熱源も必要がないため省エネで、昨今需要量が増加している。

わが国の食缶の生産数量を図表3―4に示したが、炭酸飲料が減少し、非炭酸飲料のコーヒーや茶類が多く、発泡酒などを含むアルコール飲料類が増加している。食品缶から出発した缶詰は、今や食品素材缶などに利用されるだけで、4％強と激減している。

18ℓ缶は、工業原料として取り扱いやすいことから健闘していて、ドラム缶は内面にプラスチック袋を使用した輸送用の通い容器として原料運搬、危険物運搬などに使用されている。

(2) 金属箔

アルミニウム（以下アルミ）を厚さ0・2～0・006㎜まで圧延で薄く伸ばしたものをアルミ箔といい、2枚のアルミの基板をローラーで圧延して製造する。ローラーに接した面には光沢があり、

2枚重ねた面はマット調となる。アルミ箔の分類と成分はＪＩＳで規定され、アルミ箔と高純度アルミ箔とがあるが、包装用に使用されるのは99・3％以上の普通のアルミ箔で、99・99％の高純度アルミ箔は電気用のコンデンサーに使用される。

アルミ箔は、高純度アルミのため無味、無臭で人体にまったく無害であり、食品・飲料（31％を示す）に用いられている。さらに、表面は高輝度の光沢をもつため商品価値を高め、店頭陳列にもディスプレイ効果を著しく高める。また、ほかの金属に比べ熱伝動性が良く、鉄の約3倍通す。光線や熱線をきわめてよく反射するので、加熱食品、冷凍食品に利用されている。

特性は図表3―5のように紫外線などの電磁波遮光性、水蒸気や酸素ガスなどの遮断性にも優れ、食品を外界から保護する機能をもち、包装材料として最適で広く使用されている。アルミ箔は化学

図表3－4　わが国の食缶の生産数量

食缶			1995年		2009年推定		殺菌条件	缶圧
			億缶	%	億缶	%	温度・時間	
飲料	非炭酸飲料		213	62.6	147	46.5	－	－
		コーヒー飲料	101	29.7	106	33.5	123℃、20分以上	負
		茶類飲料	32	9.4	10	3.2	117℃、17分以上	正、負
		果汁飲料	23	6.8	14	4.4	70℃、10分以上	負
		健康ドリンク	16	4.7	5	1.6	70℃、10分以上	正、負
		紅茶飲料	13	3.8	5	1.6	123℃、20分以上	正、負
		その他	28	8.2	7	2.2	－	－
	酒類		70	20.6	128	40.5	－	－
		ビール	70	20.6	36	11.4	60℃、10分以上	正
		発泡酒	－	－	74	23.4	－	正
		その他酒類	－	－	18	5.7	－	正
	炭酸飲料		35	10.3	27	8.6		正
食品			22	6.5	14	4.4	120℃、30分以上	負
合計			340	100	316	100	－	－

注：コーヒー飲料はミルク入り、砂糖のみは121℃、20分以上殺菌。紅茶類はミルク入り、砂糖のみは121℃、5分以上殺菌。レモンティは95℃充填。乳飲料の殺菌は115℃、15分以上。ビールはラガー、生は殺菌なし。

的には両性金属で、酸にも塩基にも反応する。そして6～9㎛の薄箔で、図表3―6のようにピンホールを生じて透湿度が高くなるが、プラスチックフィルムで挟み込むとピンホールが生ぜず、透過も無視できる程度で、限りなくゼロに近くなる。

アルミ箔単体で使用する場合は、家庭用は12㎛、片面にヒートシール樹脂を塗工した各種ふた材は15～60㎛、アルミ成型容器には50～100㎛が用いられる。フィルムや紙との貼り合わせ品は、通常6～9㎛が使用される。これは、印刷、着色、エンボス、ラミネートの加工が簡単で、かつ美粧性があり差別化ができる。また、裏面のマット面を使用すると落ち着いたシックな雰囲気を演出できる。金属箔はアルミ箔が大半を占めるが、鉄箔、鉛箔、銅板などもある。

図表3－5　アルミ箔の特性

長所	欠点
①表面は金属光沢で、裏面はマット調でシック。	①不透明であり中身が見えない。
②防湿性、酸素ガスバリア性、保香性あり。	②剛度（腰）がない。
③耐熱性、耐低温性に優れる。	③ヒートシールできない。
④耐光性があり、ほかの金属に比べ軽い。	④伸びが少ない。
⑤折り曲げ保持力（デッドホール性）に優れる。	⑤薄いためピンホールが生じやすい。
⑥印刷や貼り合わせなどの加工適性が良い。	

図表3－6　アルミ箔の厚みと透湿度

箔厚 (mm)	透湿度 (g/m^2･24hrs)	平均透湿度 (g/m^2･24hrs)
0.009	1.08 ～ 10.70	4.50
0.013	0.60 ～ 4.80	1.88
0.018	0.00 ～ 1.24	0.80
0.025	0.00 ～ 0.46	0.10

3 ガラス容器

ガラスは「溶融液体を急冷し、結晶を析出することなく固化させた無機物質」で、加熱すると徐々に軟化して液体となり、冷却すると固化する。この変化が連続的に続き、非結晶状態となる。分子構造は網目状でランダム構造のため、高温液状から低温になる過程で、粘性や体積が連続的に変化するため成形性が良くなる。ガラスびんはソーダ石灰ガラスが主体で、珪砂《けいさ》（SiO_2）、ソーダ灰（Na_2O）、石灰石（CaO）とガラス屑カレットが40～50％使用される。

図表3―7のようにガラスは、透明性、化学的安定性、気体や液体の遮断性、耐熱性、電気絶縁性、成形性、加工性に優れ剛性があるが、脆弱《ぜいじゃく》性

図表3－7
他の包装材料と比較したガラス容器（とくにびん）の特徴

長所
①透明で中身が確認でき安心で、着色も自由、不透明品や紫外線遮断も可能。
②形状、大きさが自由に選択でき、強度が強く、クロージャーによっては再封可能。
③化学的耐久性や密封性があり、内容物を変質させないため常温で長期間保存が可能。
④容器からの移り香がなく、無臭で、香気成分の吸着もない。
⑤原料が安価で、一貫製造のため容器コストが安く、大量生産向き。
⑥高速で内容物を充填でき、また、耐熱性もあり、高温殺菌が可能。
⑦リターナブル性（再使用）やリサイクル（再利用）性があり、環境に負荷がかからない。
短所
①比重が大きく（約2.5倍）、重く、持ち運びに力が必要。
②外部の衝撃で割れやすいため、ハンドリングには注意が必要。
③金属に比べ光線透過性があり、光線によって内容物が変質・褐色する。
④形状はびん形態に限られ、プラスチックのように形状変化範囲が少ない。

に欠ける。理想のガラス強度は、びん加工時の実用引張強度の数百倍といわれるが、この理想初期強度はさまざまなものと接触することで著しく低下し、実用引張強度に近くなる。

ガラス容器（びん）の分類には、内容物用途による分類、内圧による分類、回収と非回収の分類、加工方法などがある。

ガラスびんの品質特性には、強度（耐内圧、熱衝撃、機械衝撃）、化学的耐久性、色調、重量、容量、寸法などがあり充填内容物により必要項目が決められる。色相については、光線透過の影響を受けやすい製品には茶色が用いられ、次いで緑色が使用される。また、ガラスびんの法的基準として衛生性、安全性、表示などの公的基準項目がある。

ガラスびん製造の基本原理は変わらないが、周辺技術の向上とともにびん製造技術も向上し、生産性や品質も高められている。そして、社会環境の変化や生活様式の変遷を受けてニーズも多様化し、コンピューターを用いたロボット化の推進、コストダウン、品質向上に向けた努力や、各種新技術および新製品の開発も積極的に行われている。ガラスは重いという問題には、図表3―8のようにリターナブルびんの軽量化が、製造技術の向上とともに進んでいる。

一方、軽量化

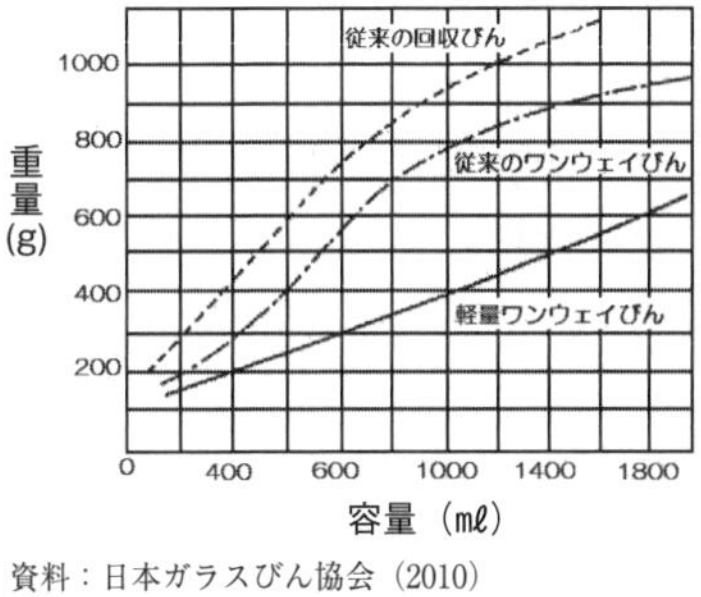

資料：日本ガラスびん協会（2010）

図表3－8　リターナブルびんの軽量化

が進むと割れやすいという問題が大きくなり、図表3―9のような金属やプラスチックなどの塗工を含めたさまざまな方法が行われている。

リユースもリサイクルも可能なガラスであるが、昨今の全包装材料のなかでの比率は、出荷金額は約2・2％、出荷数量が6・7％強で、年々金額も数量も少なくなっている。しかし、カレットによるリサイクルびんの推進と、規格びんによるリターナブルびんの啓蒙により包装材としての巻き返しが進んでいる。

4 紙製容器包装

(1) 紙とは

紙は、「植物繊維、その他の繊維を絡み合わせ、膠着《こうちゃく》させて作ったもの（JIS）」で、合成紙も

図表3－9　割れ防止加工

ホットエンド・コーティング	高温で酸化錫や酸化チタンにさらし、表面に数百nm厚の金属酸化物の被膜を形成し、滑りを与え、スリ傷を減らし強度を維持させる。多くのびんに広く利用。
コールドエンド・コーティング	比較的低温領域で界面活性剤をスプレーにより塗工する。ホットエンド・コーティングと併用したデュアル・コーティング品は、軽量化がさらに促進する。
プラスチック・コーティング	低価格でくもりガラスの効果を出し、色ガラスを小ロットで安価に行い、小形の超軽量化びんの飛散防止ができる。紫外線カットインキで紫外線遮断効果がある。
化学強化	カリウムやリチウムをガラス表面に浸透させ、表面に圧縮応力を形成する方法でコストが高い。
物理強化	加熱と急速冷却によりガラス表面に圧縮応力を形成させる方法で、化学強化に比べ価格的に有利なため、びんを除いた板ガラス、コップの口部の一部強化に用いる。
Applied Ceramic／Label 印刷	装飾のため、低溶融のガラス粉末（フリット）に、着色剤を混ぜたセラミックインキをびんに印刷。
ラベル	円筒状の収縮ラベルをびん胴に被せ、熱で横方向に収縮されたラベル。強度の維持と向上、破損飛散防止、衝突音の低減などの機能がある。
フロスト加工	フッ素酸処理で、くもりガラス状にし高級感を出したびん。
彩色コーティング加工	透明びんにアルカリ洗浄で、はく離するベース層を着色塗工し、トップ層に有機無機ハイブリッドの塗工すると要望したカラーびんになる。再生時には透明びんとなり、色びんよりも数段リサイクルしやすい。

含まれる。薄いものを「紙」、厚みのものを「板紙」というが、明確な規定はない。紙の特徴を図表3—10に記す。

紙に使用するパルプは、昔はみつまた、楮《こうぞ》などの草木、麻などを使用していた。現在は木材を使用し、原木は針葉樹と広葉樹とのパルプが用いられている。パルプ化する木材パルプの原料性状について図表3—11に示す。

木材細胞は、セルロース、セミセルロース、リグリンからなり、細胞間層を化学的や熱処理で溶解または軟化し、図表3—12のようにパルプ化する。

これらのパルプは、たたいて柔軟にする叩解《こうかい》を行い、抄紙《しょうし》機にて抄紙する。図表3—13のように水分子は立体構造で、セルロースの分子と水分子とで水素結合するため、紙になると水に容易には

図表3－10　紙の特徴

長所	短所
①安価	①バリアがない
②剛性	②水に弱い
③適切な強さ	③熱封緘できない
④吸湿性	④耐油性・耐薬品性なし
⑤多孔構造性	⑤成型に限界
⑥良好な加工性	⑥印刷は表刷
⑦無臭性	
⑧可燃性	
⑨生分解性	
⑩再生利用性	

図表3－11　木材パルプの原料性状

パルプ	内容	樹種	繊維長
広葉樹	螺子植物の双子葉植物に属する樹木繊維で、主に仮導管を取り出す。	L（Laub Holz）	1mm
針葉樹	裸子植物の松柏類に属する樹木繊維で、主に木繊維を取り出す	N（Nadel Holz）	2～3mm

図表3－12　木材パルプの種類

パルプの種類	樹種	用途
化学パルプ（ケミカル；CP）	N、L	クラフト、ライナー、新聞、上質
半化学パルプ（セミケミカル；SCP）	L	中芯、中質、包装、ライナー
機械パルプ（メカニカル；MP）	N主体	新聞、中質

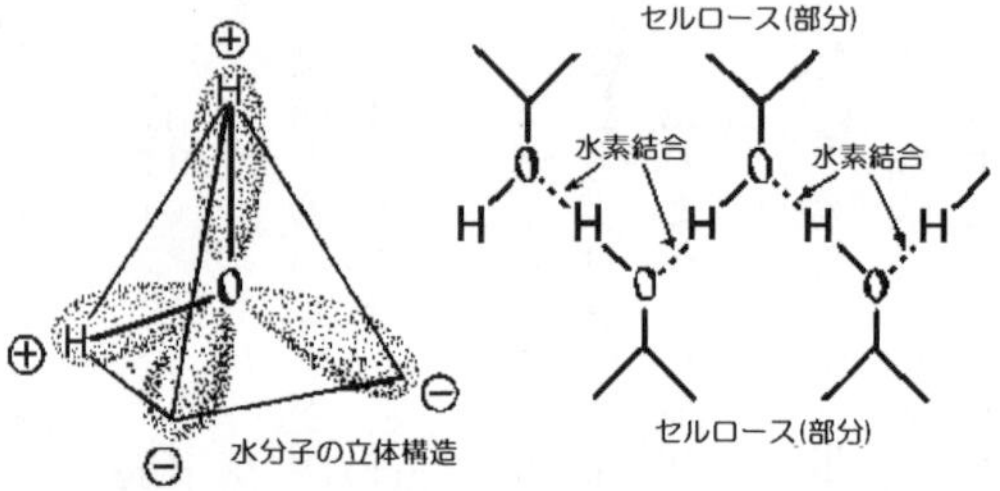

図表3－13　紙の水素結合

分解されない。しかし、図表3―14のようにパルプ繊維に起因したり、抄紙時に起因したりして特性が変化する。そして湿度依存性が高く、図表3―15のように高湿度では抗張力が弱く、低湿度では伸びが弱いため最適な湿度は65％とされる。

(2) 紙の分類

紙は全包装材料のなかで、2014年の出荷数量で63・3％弱、出荷金額で40・8％強を占めており、今や、紙は包装材料としてなくてはならない存在である。図表3―16に紙の分類の概要を示したが、強度と剛度により「紙」と「板紙」とに分けられ、坪量120～130g/m^2ぐらいが分岐とされる。

全包装材料の出荷金額のうち紙・板紙が40・8％を占める。内訳は紙が21・5％弱、板紙が77・4％

図表3－14
パルプ繊維および抄紙時に起因する特性

パルプ繊維に起因	①湿度　②温度　③坪量 ④平滑性　⑤寸法安定性　⑥機械的強度
抄紙時に起因	①紙目　②表裏　③地合　④層間剥離

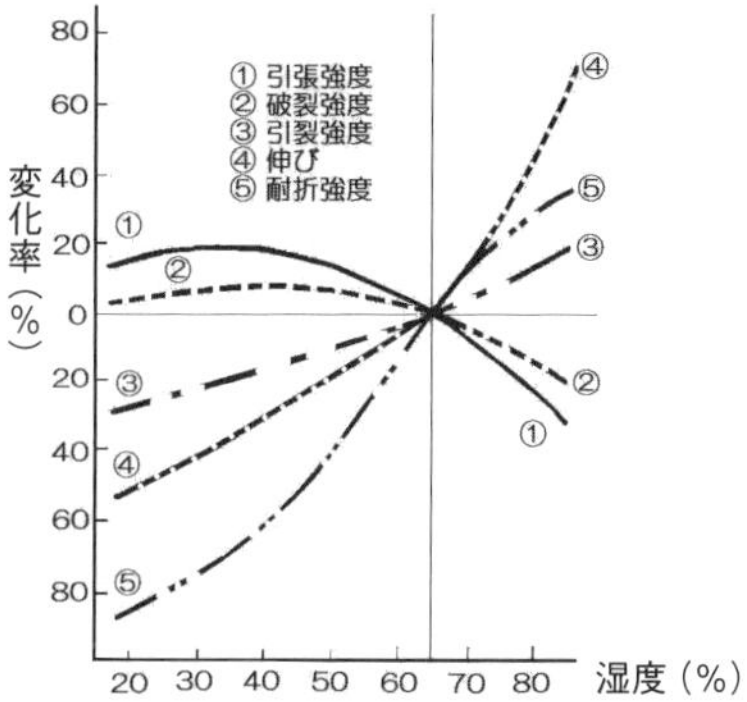

図表3－15　紙の湿度特性

弱、その他パルプモールドなどが1・1％を占めている。出荷量は、全包装材料のうち紙・板紙が63・3％弱を占める。内訳は紙が10・7％、板紙が88・9％、その他が0・4％となっている。

包装に使用される（薄い）紙は、包装紙、クラフト紙として使用され、プラスチックなどと積層した加工紙が多く、今後も増加が見込まれる。板紙は段ボール原紙、紙器用板紙として使用されている。古紙利用率は年々増加して63・9％にまでになっているが、衛生面で食品が直接接する部分は、古紙が使用できないためバージンパルプが使用され、かつ漂白には蛍光染料を使用しないことが前提とされている。

(3) 機能性紙

紙にさまざまな機能を高めるためにコーティン

図表3－16　包装に使用する紙・板紙と用途

大分類			中分類	包装用途
紙	新聞用紙			
	印刷用紙	非塗工	○上級紙、○中級紙、＊下級紙	包装、貼り合せ用
		塗工	○アート紙、○コート紙 など	高級ラベル、包装紙
	包装用紙	未晒	○両更クラフト紙（重量用など）、○筋入りクラフト紙など	重量袋（米、肥料）
		晒	○純白ロール紙、○晒クラフト紙 、○薄口模造紙	積層品、包装紙に利用
	薄葉紙		○グラシン紙、＊ライス紙など	医薬品、菓子、ラミ用
	家庭用衛生用紙		＊ティッシュ紙、＊生理用紙など	
	雑種紙	A	＊感光紙、○電気絶縁紙	遮光紙、電気絶縁包装
		B	○紙ひも用紙・書道用紙・障子紙	紙ひもなど
板紙	段ボール原紙		○ライナー（外装用クラフト）、○中芯	段ボール用紙
	白板紙	マニラボール	◎マニラボール、◎アイボリー、◎ポストカード、◎ケント紙、◎両面カード	紙器（カートン）
		白ボール	◎白ボール 、◎牛乳栓紙、○乗車券紙	紙器、その他
	黄板紙、色板紙など		◎黄ボール、◎両面クラフトボールなど	安価な箱、紙管
	紙管原紙		○紙管原紙	紙管
	建材原紙		＊防水原紙 、＊石膏ボード原紙	
	ワンプ、他		＊ワンプ（パルプ用）、◎各種台紙用	台紙
和紙	薄葉紙、その他		＊半紙、＊障子紙 、＊ちり紙、○薄葉紙	和風食品（和菓子）
その他	化学繊維紙 混抄紙		○ビニロン紙 、○ＰＥ紙	和菓子、医療品
			○ポリエチレン（ＰＥ）繊維と天然パルプ混抄紙	医療用品
	合成紙		○ＰＥ、ポリプロピレン（ＰＰ）などの表面加工	耐水性要求に利用
	樹脂加工紙		◎ＰＥ加工紙 、◎塩化ビニリデン（ＰＶＤＣ）塗工紙、◎紙とプラスチックなどの積層品	液体容器、コーヒーカップ、洗剤カートンなど

注　：◎紙器に関連ある板紙、○包装に関連ある紙、＊その他の紙

グ、含浸、積層などを行ったもので、図表３－17のような各種の機能紙がある。これらを応用したテイクアウト用の機能紙を図表３－18に、また、保水性もあり吸水性もある水分調整紙の使用例を図表３－19に示す。

(4) 紙器用板紙

紙器用板紙は、マニラボールと白ボールがあり、貼箱用にチップボールや色ボールを使

図表３－17　包装に関連する機能紙

機能	紙　名	特　徴
水に強い紙	強サイズ紙	パルプに樹脂を入れた紙で、液体紙容器に不可欠
	ワックス含浸紙	コールドカップに使用（使用頻度は少ない）
	樹脂加工紙	ポリエチレン（ＰＥ）紙が主流で、液体容器に不可欠
油に耐える紙	耐油紙	フッ素系でない耐油紙で、持ち帰り油揚品に使用
水を調整する紙	吸水紙	吸水性樹脂を塗った紙で、宅配食品などに使用
	保水紙	吸水性樹脂を塗った紙で、切り花、えのき茸に使用
油を吸う紙	油吸着シート	油脂食品包装に使用
臭いを取る紙	臭い吸着シート	活性炭を塗った紙で、エチレンを吸着し果実に使用
菌繁殖を抑える紙	抗菌紙	天然ゼオライト(銀イオン発生)を塗った紙で、菌の繁殖を抑える用途に使用
熱に強い紙	一般的トレー	通常の紙だけでも180℃ぐらいまでは耐熱性あり
	炭素繊維紙	炭素繊維を抄いた紙で、電磁波シールド材に使用
紙粉が出ず、熱で接着できる紙	プラスチック紙	ヒートシールができ、殺菌ガスが通過するため医療用殺菌袋に用いる
	混抄紙	木と樹脂のパルプと混ぜた紙で、医療用に使用
	ヒートシール紙	低分子樹脂を使った紙で、アイロンで貼付できる
電気を通す紙	導電紙	炭素を入れた紙で、電子部品、電子機器包装に使用
	炭素繊維紙	炭素繊維を入れた紙で、電磁波シールド材に使用
光を遮る紙	遮光紙	炭素の厚塗り紙で、写真フィルム・印画紙に使用
サビを防ぐ紙	気化性防錆紙	気化性防錆剤を含んだ紙で、金属製品に使用

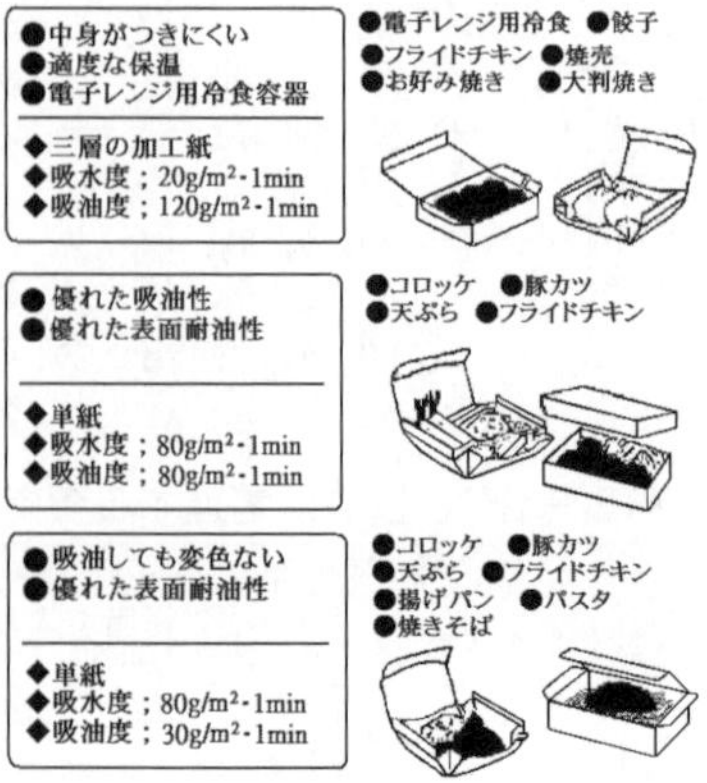
●中身がつきにくい
●適度な保温
●電子レンジ用冷食容器
◆三層の加工紙
◆吸水度；20g/m²-1min
◆吸油度；120g/m²-1min
●電子レンジ用冷食 ●餃子
●フライドチキン ●焼売
●お好み焼き ●大判焼き
●優れた吸油性
●優れた表面耐油性
◆単紙
◆吸水度；80g/m²-1min
◆吸油度；80g/m²-1min
●コロッケ ●豚カツ
●天ぷら ●フライドチキン
●吸油しても変色ない
●優れた表面耐油性
◆単紙
◆吸水度；80g/m²-1min
◆吸油度；30g/m²-1min
●コロッケ ●豚カツ
●天ぷら ●フライドチキン
●揚げパン ●パスタ
●焼きそば

図表３－18　テイクアウト用機能紙

おひつの
吸水紙
クリスピー・パック
MISTER PIZZA
宅配ピザ用
吸水紙
えのき茸
育苗保水紙
チキン用
吸水紙

図表３－19　水分調整紙

用し、板紙には古紙が多く使用されている。

① マニラボール

表層に晒化学パルプを用い中層や裏層には機械パルプ、未晒化学パルプ、脱墨古紙の構成で4～5層に抄《す》いた板紙。坪量が200～300g/m²と比較的薄い。

② 白ボール

紙器の大半を占め、表層に晒化学パルプを、中層や裏層には通常下級古紙を用い、裏面には古紙か脱墨漂白古紙を使用する。構成は5層程度に抄いた板紙で、坪量が300～600g/m²と厚手の板紙である。

それぞれの構成とおもな用途を図表3―20に示す。

マニラボールと白ボールは、外観や用途により塗工品と非塗工品がある。古紙も高級な新聞脱墨古紙から低級な無漂白などがあり、必要に応じ使

図表3－20　わが国の紙器用板紙の分類および用途

紙器用板紙の種類			構成			おもな用途
			表層	中層	裏層	
マニラボール	塗工マニラボール	アイボリー	化	化	化	高級食品、化粧品の個装
		カード	化	機	化	高級食品、化粧品の個装
		一般マニラ	化	機	機	食品、たばこなどの小物の個装
	非塗工マニラボール	アイボリー	化	化	化	一般食品、化粧品の個装
		カード	化	機	化	一般食品、化粧品の個装
		一般マニラ	化	機	機	食品、たばこなどの小物の個装
白ボール	塗工白ボール		化	古	古機	高級紙器用、比較的大形の個装
	非塗工白ボール		化	古	古機	一般紙器用、比較的大形の個装
黄ボール、チップボール			古	古	古	貼り函本体用
色ボール			化	古	古機	ダース函など

注　：1．化＝化学パルプＣＰ（晒、未晒）、機＝機械パルプ（ＧＰ主体）、古＝古紙（新聞、雑誌、段ボール）。
　　：2．一般マニラ、白ボールの表層には白色晒古紙を用いることがある。

い分けをしている。古紙の利用率は約63・9%で、1層抄きの紙（薄い紙）への利用は難しく約40・3%であるが、多層抄きの板紙は古紙利用率が93・9%と高くなっている。

紙器（カートン）の単位は、図表3―21のように長さ、幅、深さをL×W×Dで表す。折り込み部はフラップといい、ダストフラップと差込みフラップとがある。紙の抄紙時には機械的に進行方向の縦へ引っ張るので、繊維が引っ張られた方向に並び、縦方向に強度が強くなる。

箱を作るには図表3―22のように長手方向に縦目を配するときれいな箱になる。反対に、横目では胴が膨れたような不格好な箱になるため、紙目には注意をしなければならない。

紙器の分類と形状を図表3―23に示した。折り畳み箱は、製箱（函）工場で胴貼り加工をし、顧客の工場で起函・充填する箱で、製箱機械で生産するため量的に多くを占める。

組み立て箱は顧客の工場で組み立てながら内容物を充填するシステムで、胴貼りしていないブランクをロック止めやホットメルトで貼りつけながら箱を作る。

貼箱は完全に人手で貼るもので、人件費がかかるため高級品の箱などに使用されている。

図表3－21
箱の基本的な呼称

図表3－22
箱の正しい紙目

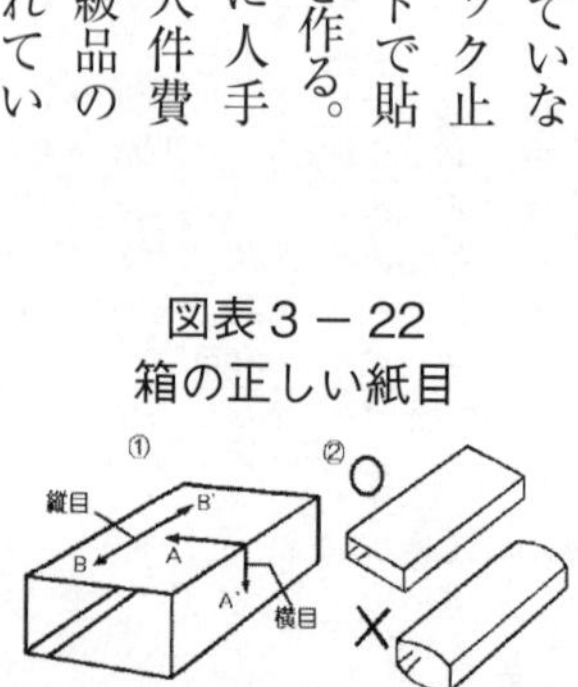

図表3－23　紙器の形状

【折り畳み函（紙器製造工場で製函→食品などのメーカーで充填）】

①中舟式函

引き出す形態（舟形トレー入り）；キャラメル、たばこ包装など、通常長方形の筒状の形態

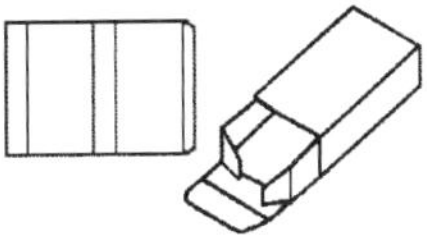

②一重式函
（タックエンドカートン）

石鹸の一個サックなど

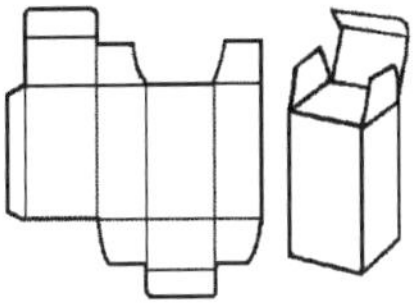

③一重式函
（シールエンドカートン）

食品、薬品、洗剤の漏れ防止など

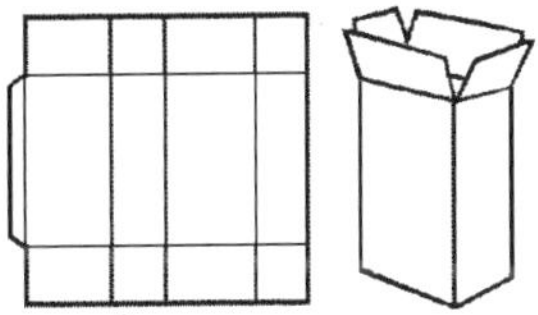

④一重式函
（ボトムロックカートン）

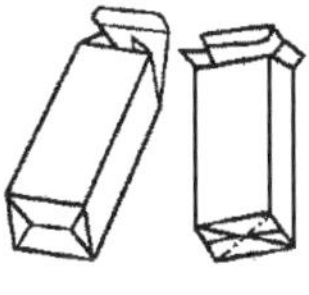

ワンタッチ組立函

⑤トレー

ビアスとプライウッドの折り込み方式（冷凍食品など）

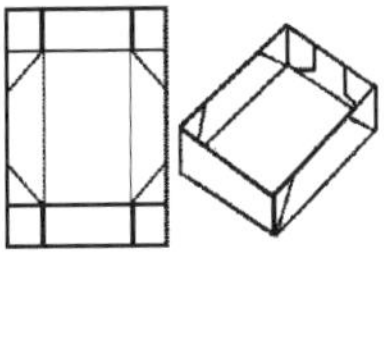

⑥フタつきヒンジ箱

フォーコーナーとシックスコーナー箱があり、折込が内側（イン）と外側（アウト）とがある（ガム、キャラメルのダース箱、ケーキ箱）

6コーナーヒンジ

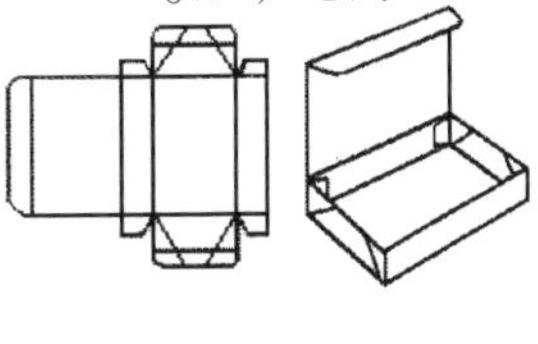

⑦その他

三角、六角、八角の変形函（菓子、スナック、チョコレートなど）

【組立函（紙器製造工場でカートンブランクを製造→食品などのメーカーで製函、充填)】

⑧組立函（手組立)
贈答用箱など

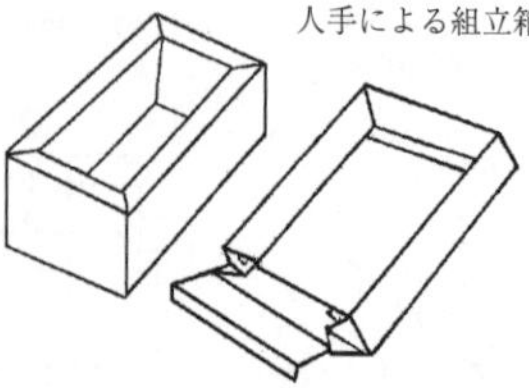

⑨ロックカートン（切り込み組立)
糊やホットメルトを使用しないで、切り込みだけで組み立てる箱（菓子、生洋菓子、ボトルキャリアー用箱など)

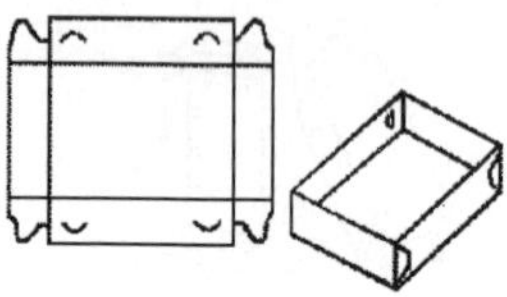

⑩フォーミングカートン
中身の充填と同時に、箱を組み上げる。ロック式と接着剤を使用する方式がある(菓子、ガム、食品のダース箱など)

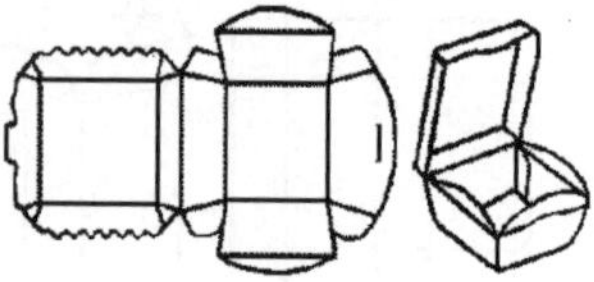

【貼り函（紙器製造工場で板紙の断片を貼合わせ製函→食品などのメーカー人手で充填)】

角函
贈答用の函（ウイスキー)、カメラなどの高級箱など

丸函
昔の化粧パウダー

丸筒
平巻とスパイラル巻とがある（スナック、お茶缶など)

針金綴函
角函の一種で、ステッチで止める箱
（工具、文具、玩具など)

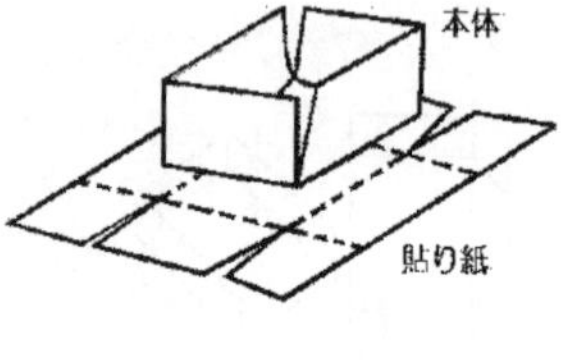

【特殊函】

⑪キャリーカートン
びんや缶を集積し、持ち運ぶ紙器（ジュース、ビールの飲料用など）

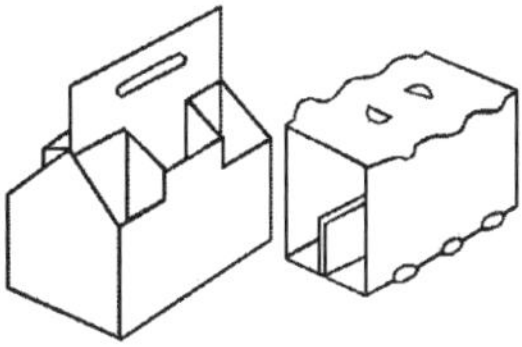

⑫ディスプレイカートン
店頭効果を高める紙器（窓付きカートンなど）

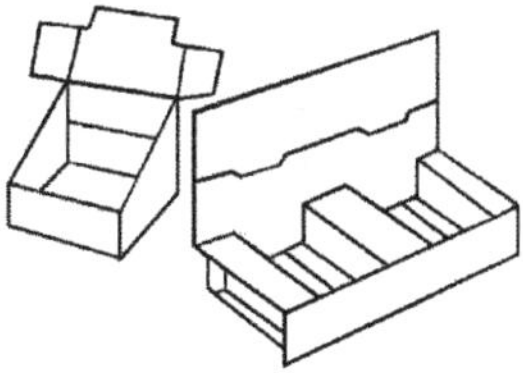

⑬紙カップ
保存用紙カップ容器（プリン、ヨーグルト、デザート類など）

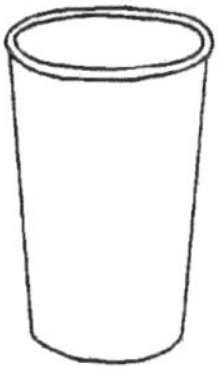

⑭加工紙トレー
両面プラコートトレー（調理食品、電子レンジトレーなど）

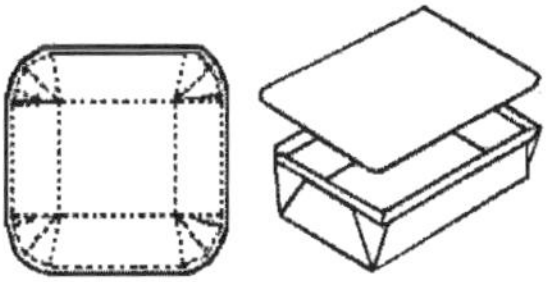

【複合函（製紙または紙器工場で複合ラミネートし、製函→食品などのメーカー製造・充填）】

※後述

BIC（Bag in Carton）／BIB（Bag in Box）
外側は紙器で、内側に軟包装材を入れ組合わせた箱（醤油、油、酢など）

液体紙容器
板紙とプラの貼り合わせ原紙から、立方体と屋根形長方容器

液体紙容器（低温流通用）
板紙とプラの3層品（牛乳、ジュースなど）

液体紙容器（常温流通用）
低温流通用にＡＬ箔を貼った5～6層品（清酒、ワインなど）

紙カップ容器
保存用紙カップ容器（プリン、ヨーグルト、デザート類など）

紙管
平巻き紙管（液体・粉体など）、スパイラル（茶、菓子など）

また、特殊箱として、キャリー箱や紙カップ、加工紙トレーは機械貼り、機械による成形などがある。

(5) 液体紙容器

現在の液体紙容器は、プラスチック積層品である。液体紙容器のおもな形態を図表3―24に示す。

① 低温流通用屋根型容器

低温でガス透過も少なく、液体の浸透も低いため、3層（PE／紙／PE）でも十分。紙の端面（エッジ）が液に直接触れているが、高サイズのため低浸透性である。

② 常温流通用屋根型容器

ガス透過を防ぐため、遮断性のアルミ箔やセラミック蒸着品が用いられる。接液面は、紙端面を折り返して直接接液しない構造をしている。構成はPE／紙／PE／AL箔（または蒸着品）／PEか、胴ぶくれ防止にはPE／紙／PE／AL箔（または蒸着品）／PET／PEを用いる。

③ 直方体（レンガ型）容器

縦形ピロー包装機で製袋しながら充填、液中シールする形態。ヘッドスペースがなく長期保存に耐え、チルド用・常温用・無菌用に広く使用される。

④ 直方体ストレート型容器

透明蒸着などガス遮断性のラミネート紙を平巻きし、熱接着やテープ貼りで胴部を作る。底材、ふた材もバリア性複合品でシールする方式。

⑤ 保存用カップ

PE／紙、PE／紙／PEの構成でカップを作り、カール部を潰しシールができる。低温用は端面が接液するが、常温用は折り返しのため接しない。

図表3－24 液体紙容器のおもな形態

<table>
<tr><th>形態名称</th><th>おもな特徴</th><th>構造概略図</th></tr>
<tr><td>低温流通用
屋根型容器
(ゲーベル型)</td><td>＊高サイズの耐水性
＊3層のため安価
＊紙端面が接液、常温長時間で漏れが心配
＊専用包装機とシステム化
＊簡易口栓がつく
＊ガスバリア性がない</td><td rowspan="2">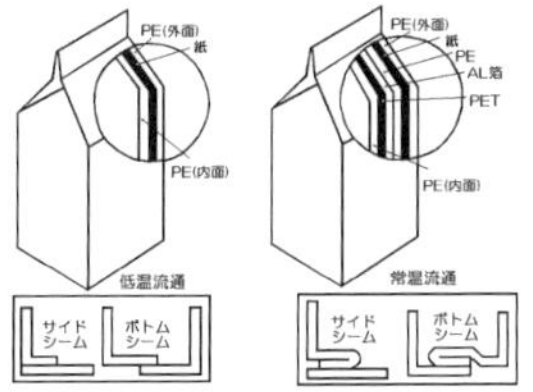
</td></tr>
<tr><td>常温流通用
屋根型容器</td><td>＊高バリア性（AL箔）
＊口栓つき
＊紙端面は完全防御
＊6層で高価
＊専用包装機とシステム化
＊無菌包装も可能</td></tr>
<tr><td>直方体容器
円柱容器</td><td>＊チルドと常温流通がある
＊サイドと底は折返式（ブリック、円柱）
＊テープ貼の平巻/天地はAL箔/ハイパー
＊専用包装機とシステム化
＊無菌も可能
＊常温用はガスバリア性
＊ストレート形は自動販売機適性あり
＊電子レンジ用はセラミック蒸着積層</td><td>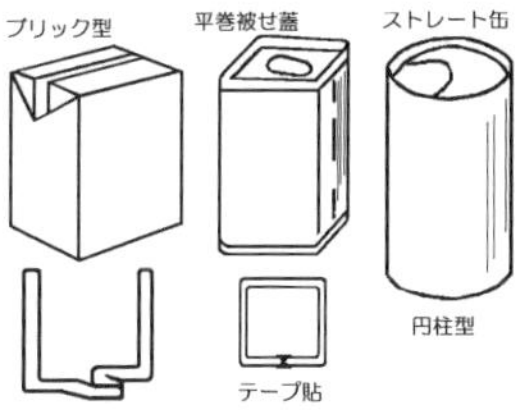
</td></tr>
<tr><td>低温流通用
保存カップ</td><td>＊紙/PE、PE/紙/PEの構成
＊紙端面が接液/常温長時間は漏れが心配
＊カール部を平らに潰す
＊ガス遮断性なし</td><td rowspan="2">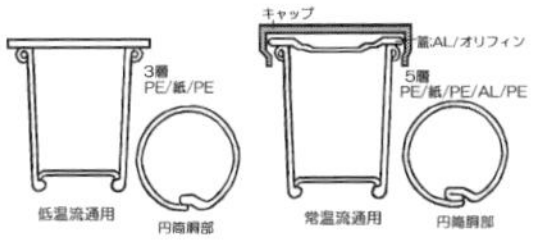
</td></tr>
<tr><td>常温流通用
保存カップ</td><td>＊高バリア性（AL箔）
＊フタはピール可能
＊紙端面は完全防御
＊カール部を平らに潰す
＊専用包装機とシステム化
＊5層で高価</td></tr>
<tr><td>バックイン・カートン
(BIC)</td><td>＊常温用が多い
＊内袋は任意に選択可能
＊外函は紙器かE段ボール
＊ガス、光線透過が低い
＊専用包装機とシステム化</td><td rowspan="2">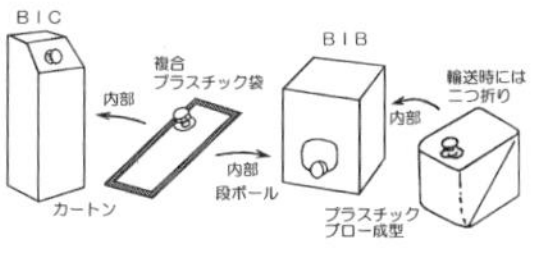
</td></tr>
<tr><td>バックイン・ボックス
(BIB)</td><td>＊常温用が多い
＊内袋は任意に選択可能
＊成形品は遮断性なし
＊外箱は段ボール
＊専用包装機とシステム化
＊無菌包装も可能</td></tr>
</table>

⑥ バックイン・カートン（B－C）、バックイン・ボックス（B－B）

内袋はフィルム袋が多く、ブロー容器もある。フィルム袋は口栓がつき、要求に応じてさまざまな機能性が選択できる。外箱は、5ℓまでは紙器やE段ボール、20ℓの大形容器は段ボールを使用する。この内袋と外装は分離でき、外装はリサイクルへ、内袋は減容化して焼却・熱回収する。なお、無菌包装が可能な液体用紙容器は、屋根型容器、直方体レンガ型容器、ストレート型容器、BIBなどがある。

(6) 段ボール原紙と段ボール容器

① 段ボール原紙

段ボール原紙は「段ボールを製造するために用いる紙で、段ボール用のライナーと中芯の総称」（JIS）であり、中芯原紙は古紙が多い（図表3－25）。

図表3－26に段ボールの種類と厚さを、図表3－27にフルート（段）の種類と用途を示した。わが国は通常A段とB段が主体であったが、最近は薄手の強化したC段が使用されるようになった。なお、ディスカウント・ショップによる家電・オーディオ販売には美粧性が求められるため、薄く美粧性のある段ボールとして、E段などを使用した個装輸送包装が台頭している。マイクロフルートは板紙と同じ厚さの美粧用に使用され、今後本格的な普及が見込まれる。また、容器包装リサイクル法の再商品化義務から外れているので、処理費用がかからないメリットもある。

また、図表3－28に各種段ボールの特性と用途を示した。片面段ボールは巻いて緩衝用に、両面段ボールは一般段ボール箱に、複両面や複々両面段

図表3－25　JISによる段ボール原紙

ライナー	段ボールの表、裏または複両面段ボールの中央層ライナー（中ライナー）として用いられる板紙の総称。用途により外装用と内装用とに分けられ、製法によりクラフトライナー、ジュートライナーなどに分けられる（JIS）。詳細規格は、JIS P 3902に記載され、坪量、強度（比破裂強さ、比圧縮強さ）によりＡＡ、Ａ、Ｂ、Ｃの各級に分類している。
中芯原紙	段ボールの波形を成型する目的に用いる板紙で、品質特性（裂断長および圧縮の強さ）によりＡ、Ｂ、Ｃの三種類がある（JIS）。詳細規格は、JIS P 3904に記載され、縦の裂断長と横の比圧縮強さによりＡ、Ｂ、Ｃに分けられる。

図表3－26 段ボールの種類と厚さ

種	フルート
両面段ボール（シングル）	A
	B
	C
	E
複両面段ボール（ダブル）	A B
	A A
複々両面段ボール（トリプル）	A A A
	B A A

図表3－27　フルート（段）の種類と用途

段の種類（フルート）		段の高さ（mm）	30cmあたりの標準山数	段繰り率	主な用途
一般フルート	A	4.5～4.8	34±2	1.55	外装
	B	2.5～2.8	50±2	1.35	外装、内装
	C	3.5～3.8	40±2	1.45	外装
	E	約1.1	93±5	1.25	内装、個装
マイクロフルート	F	0.75	125	1.22	個装
	G	0.55	167	1.21	個装

ボールは重量物に用いる。

② 段ボール箱

わが国の段ボール箱の形式はJIS Z 1507に定められていて、図表3—29のように47種類があり、段ボール箱の形状は図表3—30のようになっている。

輸送包装の大半を占める段ボール箱には、次のような利点がある。

・中芯が段繰りされているので緩衝性がある。

・軽くて弾力性があるので持ち運びに便利。

・厚くて剛性があるので積

図表3－28　各種段ボール形式の特性と用途

	片面段ボール	両面段ボール	複両面段ボール	複々両面段ボール
構成	 波形に成形（段繰り）した中芯の片側にライナーを貼る	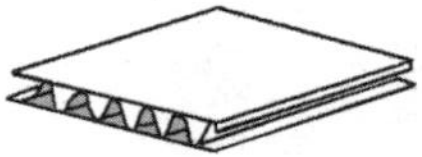 中芯の両側にライナーを貼る	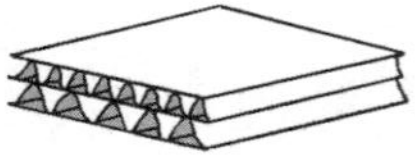 両面段ボールに片面段ボールを貼る	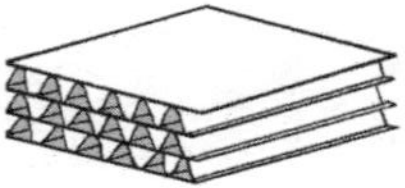 複両面段ボールにさらに片面段ボールを貼る
特性	巻いて緩衝材として使用	一般向け（A、B、C、E）で、薄いマイクロフルート（F、G）もある	易損品や重量物用で強度が強い（A＋Bが一般的）	超重量物用であるが、使用例は少ない
用途	果物、菓子、食品、電球	菓子、食品、青果物、繊維、機器、薬品、化粧品、雑貨、日用品など	機器類、電気機器、青果物、雑貨、重量物	電機類、精密機械、超重量物
一般特徴	*価格が安く、きれいな印刷ができる *圧縮強度が強いため積み重ねができる *軽くて荷扱いや輸送に便利で、通函に最適 *内部の空気を抱き込んでいるため緩衝効果がある *均一な品質で、安定している		*マイクロフルートを使用すると美粧効果がある *段ボール原紙は85%以上が古紙を使用 *生分解性であってサイクルができる *燃焼しやすく、カロリーも低い	

図表3－29
JISによる段ボール箱の形式

NO	形式	種	NO	形式	種
02	溝切り形	11	06	ブリス形	3
03	テレスコープ形	9	07	糊付け簡易組立形	3
04	組立形	7	09	代表的な附属類	8
05	差込み形	6			

図表3－30　JISによる段ボールの形状

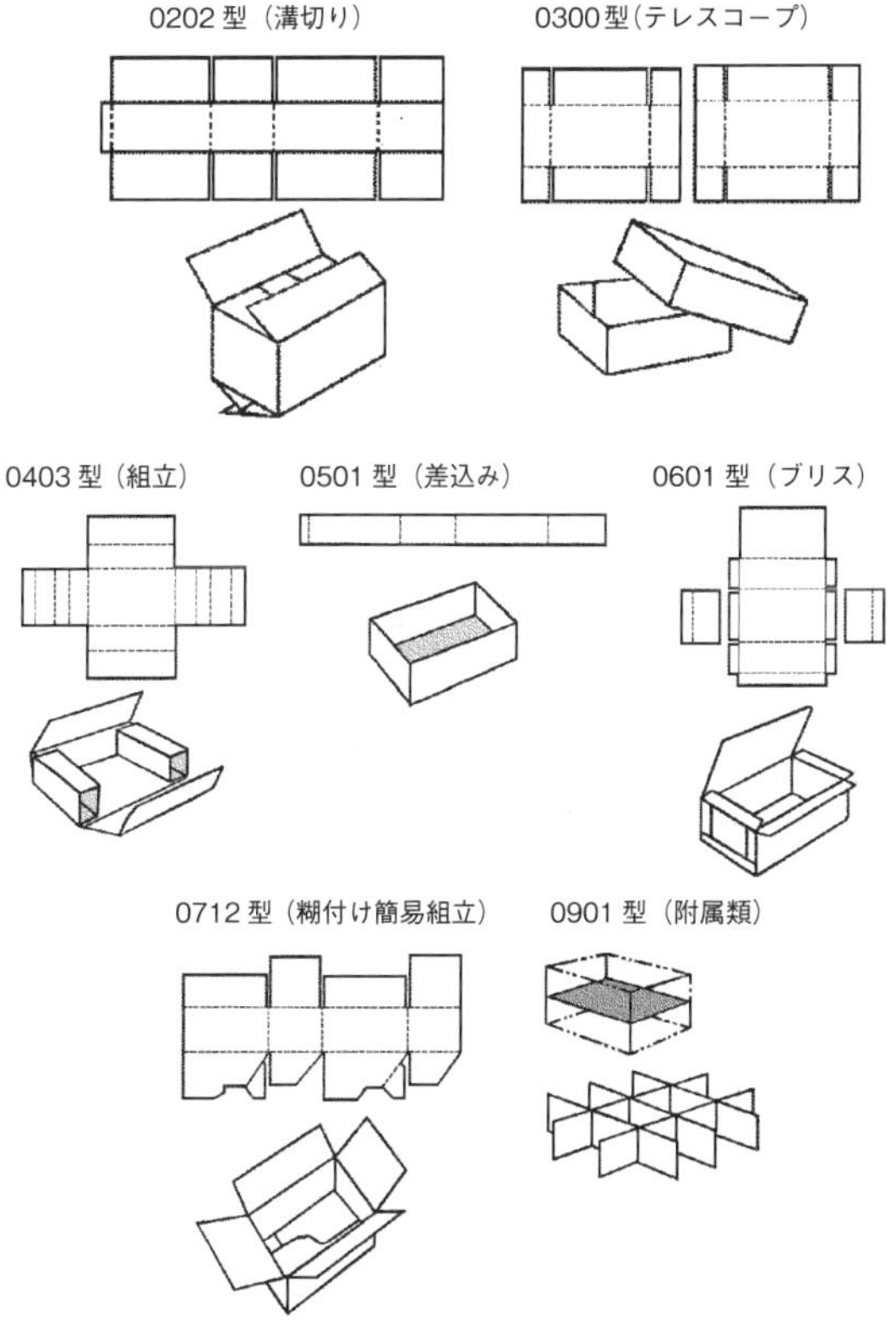

み重ねができる。
・直方体のため荷台に合う詰め込みができる。
・商品に合わせた緩衝と同時に固定ができる。
・古紙としてのリサイクル率が高い（93％に達する）。
・業務用通い箱としてのリユース（再使用）が定着。
・ほかの材料と組み合わせて新しい機能を付与できる。

最近は減量化と価格の問題から簡便な段ボールが多くなり、背中を抜いたものや段ボールのトレーを上下に置いて、その間をテープ止めしたものに移行している。

③ 機能性段ボール箱

機能性段ボールを図表3―31に示した。はっ水・耐水段ボール箱は、合成樹脂を表面塗工か含浸しており、水産物、乳製品などに用いられている。

図表3－31　機能性段ボール

	はっ水・耐水段ボール（リサイクル可能）	鮮度保持段ボール	保冷段ボール（リサイクル可能）
概要	水に強い段ボールで、ライナーにはっ水剤塗工や含浸する 	青果物熟成ガスを吸着する活性炭などを入れるか、塗工する 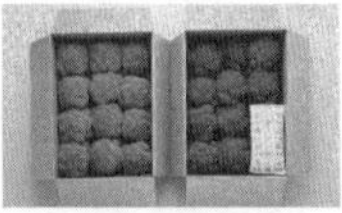	裏ライナーに保冷剤を塗工する 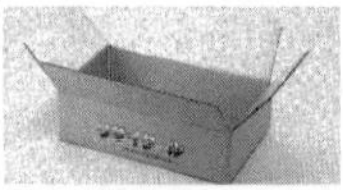
特徴	*水をはじく *防水性に優れる *湿気を防ぐ *リサイクル可能 *緩衝効果が良い *美麗な印刷が可能	*呼吸作用を抑制 *エチレンガスを吸着 *リサイクル可能 *緩衝効果が良い *美麗な印刷が可能	*保冷効果がある *保冷輸送に最適 *アルミ貼で熱反射 *緩衝効果が良い *美麗な印刷が可能
用途	水産物、乳製品飲料など	青果物、切り花など	青果物、水産・畜産加工品、酒類など

資料：レンゴー㈱HPより加筆

鮮度保持段ボール箱は、活性炭によりエチレンを選択的に吸着する性質があり、青果物・切花に使用されている。

保冷段ボール箱は、裏ライナーに保冷剤を塗工し、アルミ箔を貼った段ボール箱で、高級果実類に使用されている。

このほか食品用以外には、導電性段ボール箱、防錆段ボールなどがあり、ＩＣなどの電子部品、金属製品に用いられている。

5 プラスチック容器（フィルム、カップ、ボトル、ラップなど）

(1) プラスチックとは

プラスチックは「可塑性をもつ有機高分子化合物を主成分とする天然または合成物質」であり、ＪＩＳでは「プラスチックは高重合体で、製品への加工のある段階で流れによって形を与える材料で、ゴムを除く」と定義されている。プラスチックは、図表３－32のように石油からできる。

プラスチック樹脂は、図表３－33のように熱を加えると柔らかくなる熱可塑性樹脂（Thermoplastic Resin）と、硬くなる熱硬化性樹脂（Thermosetting Resin）に分けられる。

熱可塑性樹脂は、加熱す

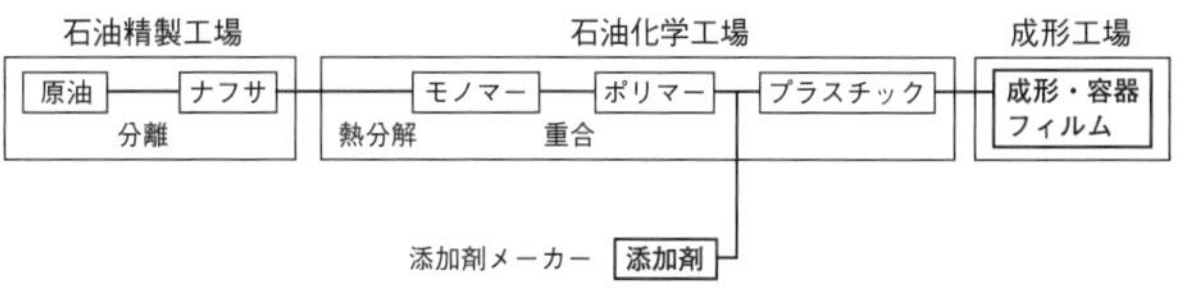

図表３－32
石油からプラスチックフィルムや容器ができるまでの流れ

ると軟化し、力を加えると流動性により変形し、力を取り去ってもその外形を保持する性質をもつ鎖状の合成樹脂で、全樹脂の約90％を占める。冷却すると固化するが再加熱により軟化し、何度でもこの履歴を繰り返す。

熱硬化性樹脂は、加熱により硬化反応が進んで三次元網目構造を形成する合成樹脂で、一度硬化すると再加熱しても軟化しない。包装材料には利用しないが塗料や接着剤に用いる。

プラスチックは、石油を蒸留して取り出したナフサを熱分解し製造され、形状は小豆状に成形される。石油原料とおもな製品の関連を図表3―34に示したが、ポリエチレン（PE）がもっとも多く、ポリプロピレン（PP）、ポリ塩化ビニル（PVC）、ポリスチレン（PS）と続き、ポリエチレンテレフタレート（PET）を加えてこの5樹脂を「汎用樹脂」という。包装材料全体が減少しているなかでプラスチックの需要が伸びるのは、次のような特徴があるためである。

・透明性に優れ、中身が見えて確認できる。
・化学的に安定で、耐薬品性や耐油性に優れる。
・耐水性や防湿性に優れているプラスチックが多い。
・軽くて、比較的安価で、加工適性に優れる（成形、塗工、発泡）。
・適切な物理強度を有し、延伸するとさらに機械的強度が強くなる。

樹脂・用途別の消費では、プラスチックは包装材となるフィルム・シート用にもっとも多く使用されており、とくにPEとPPが多い。これらフィルムとシートには厳密な区分はないが、JISによると0・25㎜未満をフィルムといい、それ以上をシートという。なお、PVCはパイプ・継ぎ手用に、PSは発泡品が多い。

図表3－33
熱可塑性と熱硬化性のプラスチックのおもな特徴

	熱可塑性プラスチック	熱硬化性プラスチック
熱変形温度	150℃くらいで変形するものが多い	成形硬化後は150℃に耐える
成形能率	押出成型や射出成型のため能率的に連続加工可能	圧縮成型や積層成型のため能率的でない
スクラップ利用	成形時に化学反応を起こさないため、原則的にスクラップの再利用ができる	成形時に化学反応をして三次元構造になるため、成形不良品は再利用できない
透明度	多くが透明の製品	ほとんどが不透明または半透明の製品
充填剤・強化剤	ほとんどの場合添加しない	性能向上のため充填剤や強化剤を添加

図表3－34　石油原料とおもな製品との関連

石油精製工場 → ナフサ → ナフサ分解工場 → 分解ガス

	主要製品品目	生産量（万t）	主要用途
エチレン 30％弱	低密度ポリエチレン	207	フィルム、ラミネート、電線被覆
	高密度ポリエチレン	117	成型品、フィルム、パイプ
	塩化ビニルモノマー	298	塩化ビニル樹脂
	エチレンオキサイド	94	PET樹脂、界面活性剤
	アセトアルデヒド	35	酢酸、酢酸エチル
	スチレンモノマー	335	ポリスチレン、ABS樹脂、AS樹脂、合成ゴム
	その他		
プロピレン 20％弱	ポリプロピレン	291	成型品、フィルム、合成繊維
	アクリルニトリル	71	ABS樹脂、AS樹脂、アクリル繊維、合成ゴム
	ロピレンオキサイド	51	ポリウレタン、不飽和ポリエステル樹脂
	アセトン、フェノール、IPA		ポリカーボネート、メタクリル樹脂、フェノール樹脂、溶剤
	オクタノール、ブタノール		可塑剤、塗料溶剤
	その他		
B-B留分 10％強	ブタジエン	104	ABS樹脂、合成ゴム
	その他		メタクリル樹脂、PBT樹脂
分解油など 40％強	カーボンブラックほか		
芳香族炭化水素（石油精製工場）	ベンゼン	477	ポリアミド（ナイロン）、スチレンモノマー、合成洗剤
	トルエン	183	溶剤
	キシレン	540	PET樹脂、PBT樹脂、溶剤
	その他		

資料：日本プラスチック工業連盟（2010）

⑵ プラスチックの種類と特徴

図表３—35におもなプラスチックの用語と定義（ＪＩＳ）を示した。記号は世界共通で使用されており、参考までに用途も記載した。

ポリオレフィンはアルケンともいわれ、C_nH_{2n}の重合体（ポリマー）の一般名で、ＰＥ、ＰＰなどを指す。

プラスチックが包装材料に広く用いるのは、安価で軽く、衛生的で、機能性をもち、成形しやすく形状や厚薄も自由にできるためである。

プラスチックは、それぞれ固有の特性をもつので、長所を生かしつつ、短所をカバーするように組み合わせ、選択することでさらに良い包装材料となる。以下におもなプラスチックの機能を記す。

① **PE**

防湿性・防水性、ヒートシール性、耐寒性、耐薬品性、伸びて柔らか、成型加工性がよいが、ガス遮断性はない。

② **PP**

耐熱性、耐油性、防湿・防水性があり、表面硬度が高く透明性の維持、剛度が高い（ＯＰＰ）。ＣＰＰはレトルト適性とヒートシール性があるが、ガス遮断性に欠ける。

③ **PS**

光沢・透明性、剛性、成型加工性、耐水性、耐熱性が低く、ガス遮断性に劣る。

④ **PVC**

光沢・透明性、防湿・耐水性があり、可塑剤により柔軟性付与。ガス遮断性は良い方だが、耐寒・耐熱性に劣る。

⑤ **PET**

物理強度や剛度があり、透明性、耐熱性、防湿・

防水性、耐油性、レトルト適性、容器成形性、保香性があるが、ガス遮断性に欠ける。

⑥ PA（Ny）

強靭で、ガス遮断性、耐熱性、耐ピンホール性、レトルト適性耐摩耗性、耐寒性、耐油性、耐薬品性がある。

⑦ EVOH

物理強度があり、光沢・透明性、耐油性、耐薬品性、香気遮断性がある。乾燥状態ではガス遮断が高いが吸水すると低下する。

⑧ PC

高い耐熱性、透明性、剛性、成形性、酸素遮断性、防湿性がある。

⑨ バイオプラスチック

化石資源からプラスチック作るのではなく、地球温暖化の原因であるカーボンをニュートラルにできる植物などの非化石資源を使用したバイオマス技術を使用したプラスチックである。現在はトウモロコシ、サトウキビなどを原料としているが、木材を原料としたバイオプラスチックが開発されている。

その他のプラスチックについて、図表3―36に用語と用途を示した。

(3) プラスチックの成形法と延伸

プラスチックの成形法としては、押出法とインフレーション法がある。押出法は、図表3―37のように溶融押出機を使って小豆状の樹脂を加熱熔解し、スリットから連続的に押し出す法で、多くのフィルムに使用される。

一方、インフレーション法は、図表3―38のように円形ダイスを使用して上に吹き上げて空冷

	用語	記号	定義（ＪＩＳ）	用途
12	ポリビニルアルコール (Polyvinyl Alcohol)	PVA	ポリ酢酸ビニルを鹸化し脱酢酸した水溶性重合体。酸素ガスのガスバリア性に優れ、主として複合フィルムの素材に用いるが、単体でも用いる（ポバールともいう）。	○
13	ポリメチルペンテン (Polymethylpentene)	PMP	4－メチル－1－ペンテンの重合体。耐熱性に優れ、電子レンジ用食器、トレー、食品包装用フィルムに用いる。	△
14	ポリブタジェン (Polybutadiene Resin)	BDR	ブタジェンの重合体で、包装に用いるのは1,2－重合体。酸素、炭酸ガス、水蒸気などのガスを適度に通すため、鮮度保存に適した青果物用包装フィルムに用いる。	○
15	ポリアクリロニトリル (Polyacrylonitrile)	PAN	アクリロニトリルの重合体。耐薬品性、ガスバリア性、透明性、高剛性を活かし、食品関連用途は、菓子容器、コーヒー容器に用いる。医薬、化粧関連用途では、パウチ包装、化粧品容器などに用いる。	◎
16	ポリエチレンナフタレート (Polyethylene naphthalate)	PEN	ポリエステルの一種で、2,6－ナフタレンジカルボン酸ジメチルとエチレングリコールとを縮合し得る重合体。PETと比較し、耐熱性、ガスバリア性、紫外線カット性などが優れる。リターナブルボトル（欧州ではビール瓶）、機内食用ジャム容器、ゼリー容器に用いる。	◇
17	アイオノマー (Ionomer)	ionomer	イオン架橋結合をもった高分子物の総称。通常、オレフィン・カルボン酸共重合体と金属イオン結合とによる架橋ポリマーで、接着性及びヒートシール性がよい。	○
18	エチレン酢酸ビニル樹脂 (Ethylene-Vinylacetate Copolymer)	EVA	エチレンと酢酸ビニルとの共重合体。それ自体でフィルム成型品などに使用し、また、他のプラスチックにブレンドして品質改良に用いる。	○
19	ポリ乳酸 (Poly Lactic Acid)	PLA	植物から発酵させて造った乳酸を重合させた生分解性プラスチック。	◎
20	エポキシ樹脂 (Epoxy Resin)	EP	エポキシ化合物と、ビスフェノール類又は多価アルコールとの反応によって得る樹脂又は不飽和基を過酸によってエポキシ化して得る樹脂。主として接着税又は塗料原料に用いる。	◇
21	ポリウレタン (Polyurethane)	PUR	分子鎖にウレタン結合をもつ重合体。ポリイソシアネート、水酸基などの活性水素をもつ化合物。例えばグリコールなどのポリオールとの重付加によって得られる。無発泡タイプは塗料、接着剤、シーラント、エラストマー、フィルムなどに用いる。発泡のウレタンフォームは、クッション材、断熱材に用いる。	◇

注　：◎；包装用フィルムと成型品、○；包装用フィルム、◇；成型品、△；特殊用途フィルム、Ｅ；エンジニアリング・プラスチック（通称エンプラ）

図表3－35　おもなプラスチックの用語と定義

	用語	記号	定義（ＪＩＳ）	用途
1	ポリエチレン（Polyethylene）	PE	エチレンを主体とする重合体。密度により低密度ＰＥ、中密度ＰＥ、直鎖状低密度ＰＥ（リニア低密度ＰＥ）がある。	◎
2	ポリプロピレン（Polypropylene）	PP	プロピレンを主体とする重合体。	◎
3	ポリスチレン（Polystyrene）	PS	スチレン及びその誘導体を主体とする重合体。性質によりＧＰ（一般用）ＰＳ、ＨＩ（耐衝撃性）ＰＳに分け、主に射出成型品又はシートに加工する。また発泡スチレンペーパー及び発泡成形緩衝材の原料として用いる。	◎
4	ポリ塩化ビニル（Polyvinyl Chloride）	PVC	塩化ビニルを主体とする重合体。フィルム、シート及び各種の成型品があり、可塑剤の使用量によって硬質、半硬質、軟質の製品に分けられる。	◎
5	ポリエチレンテレフタレート（Polyethylene Terephtalate）	PET	ポリエステルの一種で、テレフタル酸とエチレングリコールとを縮合し得る重合体。透明で、延伸により強度を高くできるため応用範囲が広い。特殊品は耐衝撃性を向上のため結晶化度を低くしたＡ－ＰＥＴ、結晶化度を上げ耐熱性を向上させたＣ－ＰＥＴがある。	◎
6	ポリアミド（ナイロン）（Polyamide〈Nylon〉）	PA(Ny)	主鎖にアミド結合をもつ重合体。ジアミンと二塩基酸との重縮合、ラクタムの開環重合、アミノカルボン酸の重縮合などにより得る。通常ナイロンとも言う。	◎E
7	エチレンビニルアルコール樹脂（Ethylene Vinyl Alcohol Copolymer）	EVOH	エチレン酢酸ビニル共重合体の鹸化物。酸素ガスのガスバリア性に優れ、フィルム又は多層製品のガスバリア層として用いる。	◎
8	ポリカーボネート（Polycabonate）	PC	主鎖にカーボネート結合をもつ重合体。ビスフェノールＡとホスゲンとの重縮合によって得られる熱可塑性樹脂。透明性に優れ成型品、フィルム及びシートに加工。	◎E
9	ポリオレフィン（Polyolefin）	PO	オレフィン類を主体とする重合体。ポリエチレン、ポリプロピレン、ポリブテンがある。	◎
10	ポリ塩化ビニリデン（Polyvinylidene Chloride）	PVDC	塩化ビニリデンを主体とする共重合体。主にフィルム及びコーティング剤に用いる。	○
11	ポリブチレンテレフタレート（Polybuthylene Terephthalete）	PBT	テレフタル酸と1,4－ブタンジオールを縮合し得る重合体。強靱で剛性が高く、熱的・電気的性質に優れた結晶性飽和ポリエステル樹脂の一つ。食品用コンテナ、漬物の袋などに用いる。加水分解するので、温水での長期連続使用には不向。	◎

図表3－36　おもなプラスチックの一覧

分類	用語	記号	用途
熱可塑性プラスチック	ＡＢＳ樹脂 (Acrylonitrile－Butadiene Styrene〈Terporimer〉)	ABS	◇
	ＡＳ樹脂 (Styrene － Acrylonitrile〈Copolymer〉)	AS	◇
	アセテ-ト繊維素（セルロ-ス） (Cellulose Acetate)	CA	－
	ポリブテン－1 (Poly（1 － butene))	PB － 1	○
	低密度ポリエチレン (Low Density Polyethylene)	LDPE	◎
	高密度ポリエチレン (High Density Polyethylene)	HDPE	◎
	リニア低密度ポリエチレン (Linear Low Density Polyethylene)	L－LDPE	○
	フッ素樹脂 (Polyfluoroethylene Resin)	PFE	◆E
	メタクリル樹脂 (Polymethyl methacrylate Resin)	PMMA	◇
	一般用ポリスチレン (General Purpouse Polystyrene)	GPPS	◎
	耐衝撃用ポリスチレン (High Impact Polystyrene)	HIPS	◎
	発泡ポリスチレン (Form Polystyrene)	FS	◎
熱硬化性プラスチック	メラミン樹脂 (Melamine Formaldehyde Resin)	MF	◇
	フェノール樹脂 (Phenol Formaldehyde Resin)	PFE	◇
	ユリア樹脂 (Urea Formaldehyde Resin)	UF	◇
	不飽和ポリエステル樹脂 (Unsaturated Polyester Resin)	UP	◇

注　：◎；包装用フィルムと成型品、○；包装用フィルム、◇；成型品、◆；特殊用途フィルムと成型品、E；エンジニアリング・プラスチック（通称エンプラ）

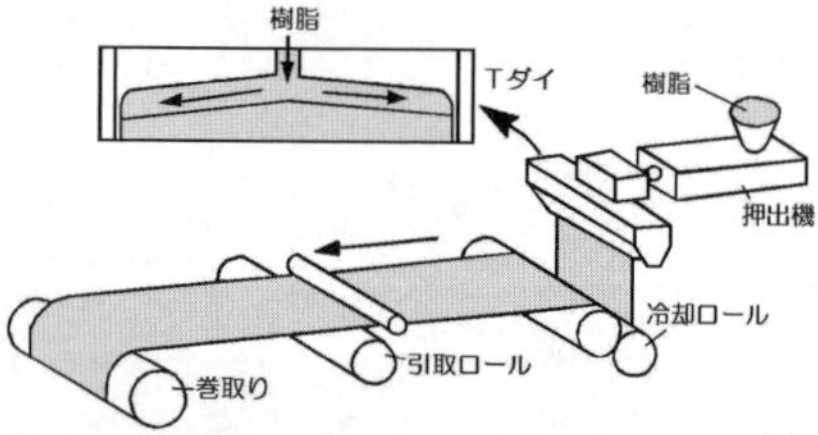

図表3－37　押出法

し、ＰＥなどのフィルムを作る方法である。成型容器は、熱可塑性樹脂には射出、中空などの成形法が使用され、熱硬化性樹脂には圧縮、移送、発泡、粉末などの成形法が使用されている。

押出法で造られたフィルムは、分子が配向していない状態のため無延伸フィルム（Cast Film）といわれる。

また、この無延伸フィルムを加熱しながら、縦横に引っ張って熱固定し作ったフィルムを二軸延伸フィルム（Biaxially Oriented Film）という。二軸延伸フィルムは、図表3―39の延伸の構造モデルからわかるように、引っ張った方向に分子が配向され、縦と横にバランスがとれている。

無延伸フィルムは通常、頭に「Ｃ」を、二軸延伸フィルムは「Ｏ」をつける。ポリプロピレン（ＰＰ）を例にとると、無延伸フィルムは「ＣＰＰ」、

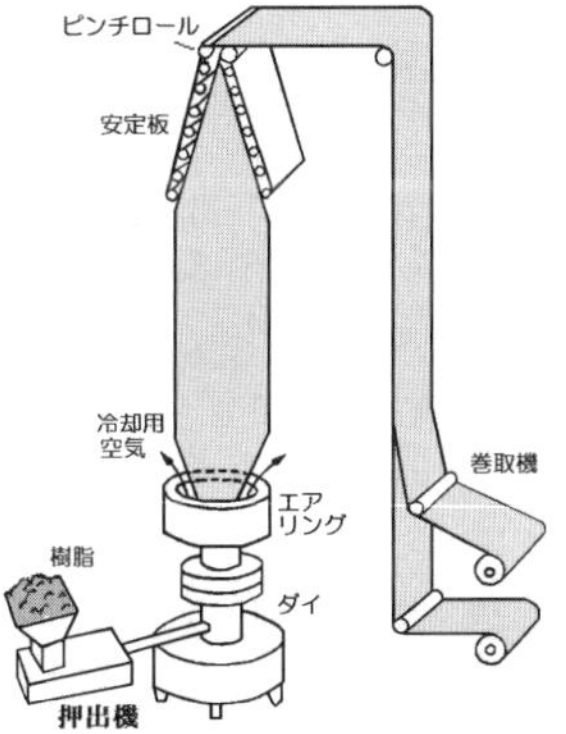

図表３－38
インフレーション法

延伸フィルムは「ＯＰＰ」となる。ＣＰＰは伸びのある柔らかいフィルムとなり、ヒートシールができるため、シーラントフィルムとしてレトルト食品の内面シーラントフィルムに使用される。

反対にＯＰＰは抗張力のある伸びの

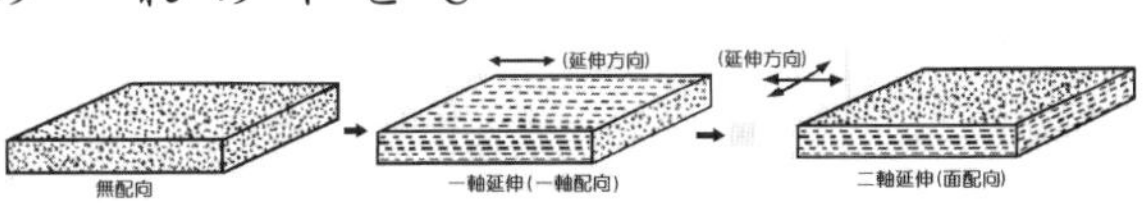

図表３－39　延伸の構造モデル

ない硬いフィルムだが、安価で剛性があるため印刷や貼り合わせ加工の基材に使用されている。熱固定は、熱固定した温度までは熱安定性があり、印刷インキの乾燥温度ではほとんど収縮しないが、それ以上に加温すると収縮する。

(4) プラスチック成型品

プラスチック成型品には、押出機から樹脂を溶融して直接容器を作る一次成型加工法と、まずシートまたはフィルムを作り、それを再加熱して成型して容器を作る二次成型加工法がある。

一次成型加工法には射出、中空、圧縮、発泡などがあるが、包装容器に多く使用される射出成型と中空（ブロー）成型について記述する。

射出成型は図表3―40のように、押出機により押出された樹脂を金型の中に注入して型通りに仕上げたもので、樹脂の熱収縮はあるものの、要望通りの成型品ができる。

一方、ブロー成型は、図表3―41のように押出機から試験管状の円柱を押出し、それを割り型の中に取り込み、金型を閉じて上部から圧搾空気を吹き込むと、金型に沿って樹脂が貼りつくようにしてボトルができ上がる。

延伸しながら成型する延伸ブロー成型（図表3―42）は、ＰＥＴボトルに多く使用される。肉厚な試験管状のプリフォームを射出成型し、これを再加熱して一軸または二軸に延伸吹き込み成形する方法である。延伸をすると透明性がよく、強靭でバリア性も向上でき、薄肉でも強度が強いため重量も少なく、減量化や省資源化ができる。

二次成型加工法には真空と圧空による成型がある。真空成型は図表3―43のように雌型（凹型）

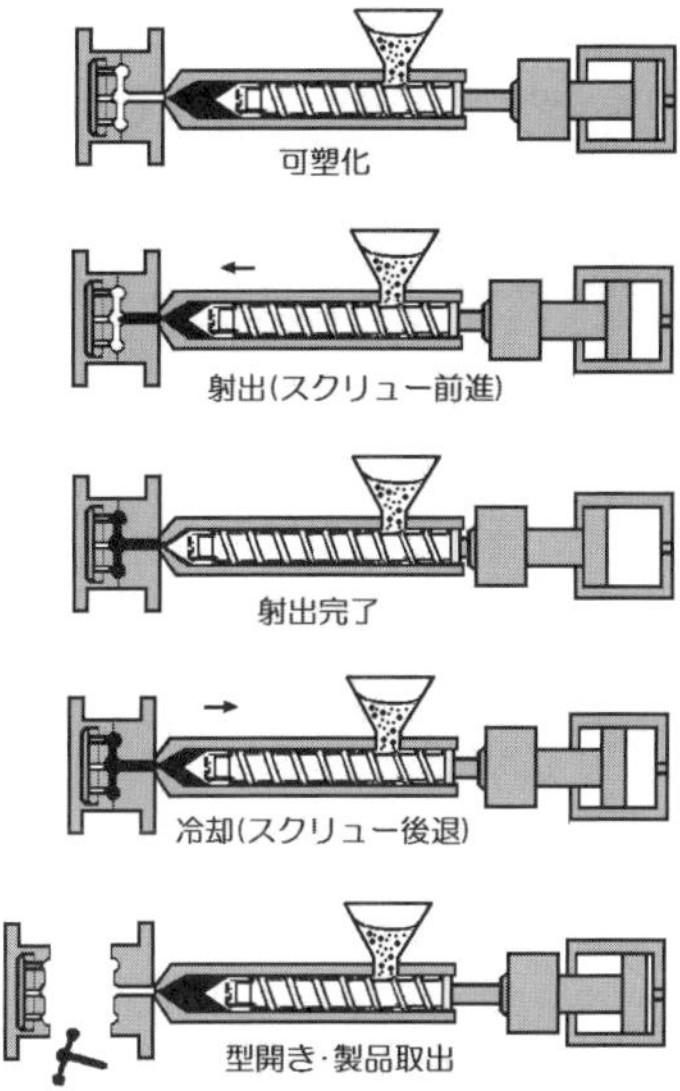

図表3－40　射出成型

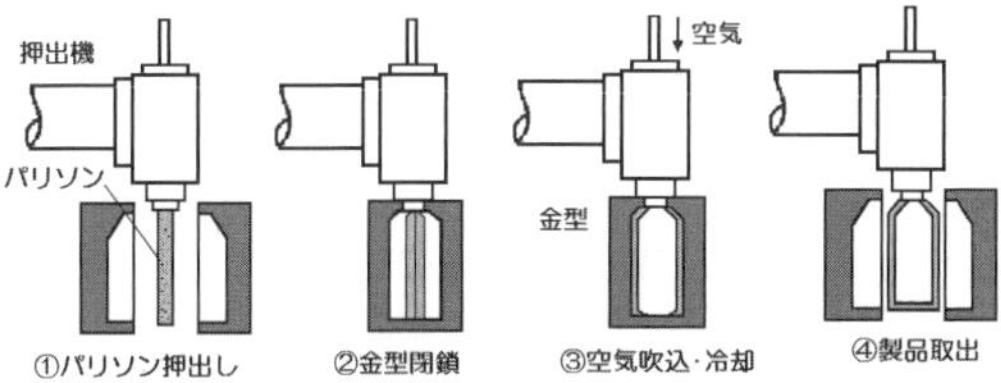

図表3－41　ブロー成型

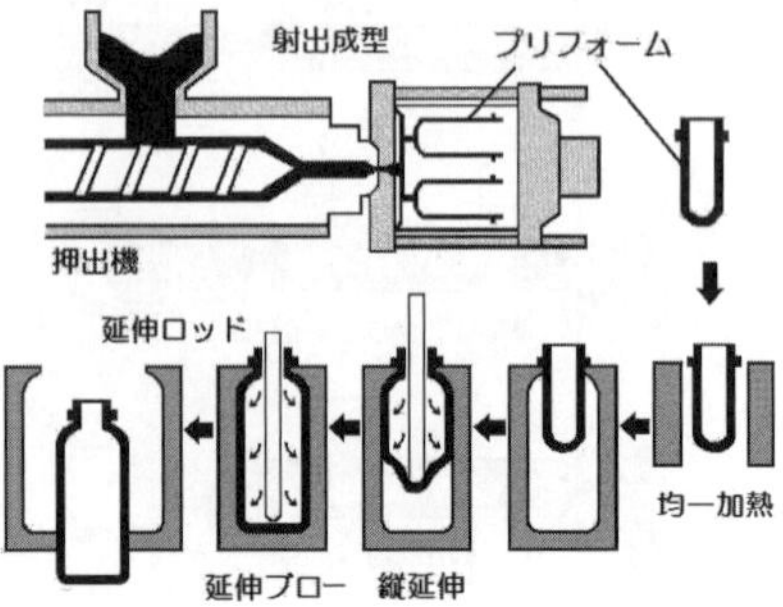

図表３－ 42　延伸ブロー成型

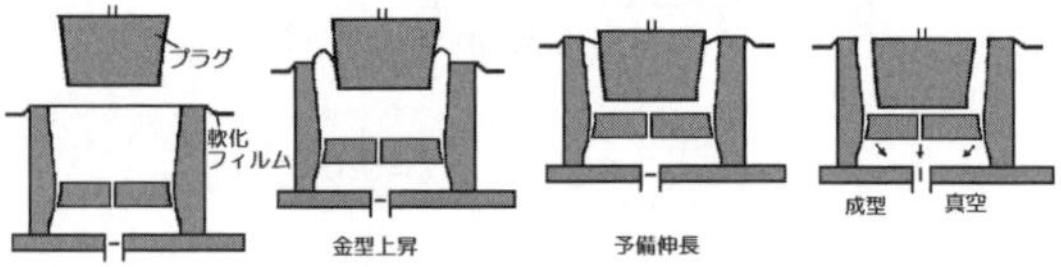

図表３－ 43　真空成型

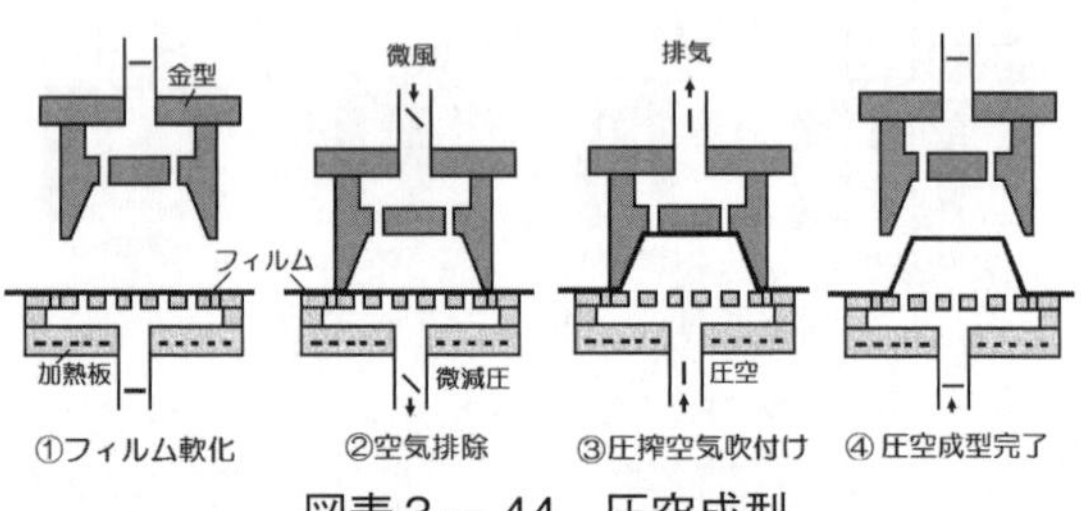

図表３－ 44　圧空成型

もしくは雄型（凸型）を用いる二次成型加工である。加熱軟化したシートを型の上に載せて、速やかに型とシートとの隙間を真空にしてシートを型に密着させて成形し、冷却後に空気を吹き込んで成型品を取り出す。

一方、圧空成型は、図表3－44のようにシートを加熱軟化しておいて、下部から圧搾空気を吹き込み金型に沿った成型容器を作る方法で、真空と圧空を同時に使用する真空・圧空法もある。いずれの方法でも底側面の厚さを均一にするためにプラグを使用することが一般的である。

総括すると、射出成型は型通りにでき複雑で精密な形状に適している。中空成型は、型に押しつけるように作るので、変わった形状はできないが、ボトルには最適である。シート成型は多列にすると高速化ができ、薄肉で安価なカップなどの成型に適している。

(5) 成形用プラスチックの特性と用途

図表3－45には、おもな成形用熱可塑性プラスチックシート特性を示し、図表3－46には、おもなプラスチック成形容器包装の種類と用途を示した。

飲料容器には圧倒的にPETボトルが多く、しかもダイレクトブロー成型でなく延伸ブロー成型のため、肉薄で強靭で軽くほとんどの飲料に使用されている。

PVCボトルは、昔はソースなど多くの食品に使用されていたが、焼却時に塩化水素が発生することからPETボトルへ移行している。

PPはカップやトレーに使用される。耐熱性PPの成形トレーは、レトルト食品や電子レンジの容器として使用されている。

HDPEボトルは、剛性があり耐薬品性に優れているため洗剤や工業用に使用されるが、アメリ

図表3－45　おもな成形用熱可塑性プラスチックの特性

	ポリエチレンテレフタレート(PET)	ポリ塩化ビニル(PVC)	ポリプロピレン(PP)	高密度ポリエチレン(HDPE)	ポリカーボネート(PC)	ポリスチレン(PS)
比重	1.34～1.45	1.35～1.45	0.91	0.94	1.2	1.04～1.05
融点（℃）	265	212	160	130～135	240～250	－
ガラス転移点（℃）	69～81	70～87	-10	-120	140～150	100
熱変形温度（℃）	80	54～74	60～70	60～82	138～157	66～91
吸水率（%）	0.4	0.07～0.4	0.01	0.015	0.15	0.1～0.3
成形収縮率（%）	0.2	0.1～0.5	1.0～2.5	1.5～3.0	0.5～0.7	0.4～0.5
成形法	IB、DB	DB	DB	DB	DB、IN	DB、IN
酸素ガス透過性	◎	○	×	×	△	×
水蒸気透過性	◎	◎	◎	◎	△	△
炭酸ガス透過性	○	○	×	×	△	△
保香性	◎	○	×	○	◎	△
耐紫外線性	△	◎	×	×	◎	×
耐熱性	○	○	△	○	◎	△～○
透明性	◎	◎	×	△	◎	◎

注　：1．DB；ダイレクトブロー、IB；インジェクションブロー、IN；インジェクション
　　：2．〔評価〕◎；大変よい、○；よい、△；普通、×；劣る

図表3－46　おもなプラスチック成形容器包装の種類と用途

容器の種類	プラスチックの種類	おもな被包装品	包装特性
びん、ボトル (Bottle)	PET、PE、PS、多層積層品	清涼飲料水、アルコール飲料、食酢、食用油、ミルク、乳飲料、調味料、洗剤、漂白剤、家庭用クリーナー、医薬品、化粧品	軽量、スクイズ性、衛生性、硬さ、高温充填性、透明性、耐薬品性、美粧性、耐ホット充填性
容器（Container）	PS、PP、PET、発泡PS、PC、多層積層品	ヨーグルト、マーガリン、納豆、ジャム、アイスクリーム、電子レンジ食品、レトルト食品、プラ缶詰、固形カレールー	衛生性、ディスポーザブル性、耐衝撃性、電子レンジ適性、廃棄物処理性、耐油性、耐寒性、レトルト適性、透明性
トレー (Tray)	PS、PP、PET、A-PET、発泡PS	生肉および加工肉製品、魚介類、青果物、菓子、おかき	衛生性、ディスポーザブル性、耐衝撃性、電子レンジ適性、廃棄物処理性、耐寒性
カップ (Cup)	PS、PP、発泡PS、複合品	清涼飲料、デザート、アイスクリーム、カップ麺、カップスープ、チョコレート菓子	軽量、多形状性、差別化、衛生性、耐寒性、耐熱性、密封性
チューブ (Tube)	PEとバリア層の複合品、PP、PE	歯磨クリーム、トリートメント、からし、わさび、マスタード、練乳、ペースト、味噌	軽量、美粧性、スクイズ性、酸素ガスバリア性、衛生性、簡便性
ブリスターパック (Blister Pack)	PS、PP、無可塑PVC、PET	玩具、工具、電気部品、機械部品、文具、乾電池、日用雑貨、洋食器、注射針	透明性、強さ、盗難防止、ハンガー展示性、ピール性、耐透菌性
PTP包装 (Press Through)	ブリスターの一部。PS、PP、PVC、PET	医薬品、飴菓子	防湿性、透明性、ピール性、衛生性、高速成形性、密封性
深絞り包装 (Deep Drawn)	ブリスターの一部。積層軟包装、PP、PS、PVC	畜肉加工品、乳製品、もち、サンドイッチ、薬品	密封性、透明性、ピール性、衛生性、酸素ガスバリア性、防湿性
箱 (Box)	アセテート、PS、PP	チョコレート・リネン・化粧品などの贈り物の包装、鶏卵、医薬品などの包装	透明性、輝き、外観美麗性、耐引掻性、強度、軽量
スタンディングパウチ (Standing Pouch)	各種積層軟包装フィルム	清涼飲料、漬物、スープ、つゆ・たれ、レトルト食品、塩、砂糖、液体洗剤、シャンプー	軽量、安価、衛生性、密封性、剛度、高温耐熱性、耐薬品性、耐水性

カではミルクのガロン缶として多く使用される。

ポリカーボネート（PC）は、耐熱性があるため哺乳びんとして使用され、また、保香性がよいため、固形カレールーの容器に用いられている。

PSは衝撃に弱く簡単に破壊されるため、カップや成形品としてデスポーザブル的な用途に用いられる。

また、包装廃棄物問題からプラスチックの容器が目立つため、包装をターゲットにした容器包装リサイクル法が成立し、3Rの推進が求められている。とくに容器の容積が問題となり、減量化とともに減容化の訴求が強い。今、世界中で減量化と減容化に対して薄肉化、潰せる容器、小型化などの対策が採られている。

6 複合材（積層品と塗工品）

(1) プラスチックの単体フィルムと積層

包装に使用されるおもな単体フィルムを図表3―47に示した。個々のフィルムには長所もあるが、短所も多くあり、完全な機能性を発揮できないので、長所を増長させ、短所をカバーするようなフィルムが求められる。これが積層フィルムになる。
縦軸の図表3―47〔5〕の二軸延伸PP（OPP）と〔7〕のポリエチレンテレフタレート（PET）は剛性があり、透明で物理強度が強いため印刷や貼り合わせ加工適性があり、基材フィルムに使用される。
〔10〕の低密度ポリエチレン（LDPE）は柔軟性があり、ヒートシール（HS）適性に優れた高分子フィ

図表3－47　おもな単体フィルムの代表的特性

No.	フィルム			遮断性		強度		機能						
				湿度	酸素	引張	剛度	低温	高温	透明性	ＨＳ性	保香性	成形性	印刷適性
〔1〕	セロハン	普通	PT	×	○	○	◎	△	◎	◎	×	○	×	◎
〔2〕		防湿	K セロ	◎	◎	○	◎	△	○	◎	○	◎	×	◎
〔3〕	紙	ロール紙、クラフト紙		×	×	○	◎	◎	◎	×	×	×	×	×◎
〔4〕	金属	アルミニウム箔	AL	◎	◎	×	△	◎	◎	×	×	◎	○	◎
〔5〕	プラスチック	延伸ポリプロピレン	OPP	○	×	◎	◎	△	△	◎	×	×	×	◎
〔6〕		無延伸ポリプロピレン	CPP	○	×	○	○	×	△	◎	◎	×	◎	○
〔7〕		ポリエチレンテレフタレート	PET	○	○	◎	◎	◎	◎	◎	×	◎	×	◎
〔8〕		延伸ナイロン	ONy	△	○	◎	○	◎	◎	◎	×	○	×	◎
〔9〕		無延伸ナイロン	CNy	×	△	◎	△	○	◎	○	×	○	◎	△
〔10〕		低密度ポリエチレン	LDPE	○	×	△	×△	○	×	○	◎	×	◎	△
〔11〕		高密度ポリエチレン	HDPE	◎	×	○	△○	○	△	△	○	×	○	△
〔12〕		ポリ塩化ビニリデン	PVDC	○	◎	○	×	○	○	◎	×	×	△	○
〔13〕		ポリ塩化ビニル	PVC	○	×	○	△	○	△	◎	×	○	◎	○
〔14〕		ポリビニルアルコール	PVA	×	○	◎	○	○	○	◎	×	○	○	△
〔15〕		エチレンビニルアルコール共重合体	EVOH	×	◎	◎	○	○	△	◎	×	○	○	△
〔16〕		延伸ポリスチレン	OPS	△	×	◎	◎	○	○	◎	△	×	◎	○
〔17〕		表面コート（ＫコートＯＰＰ）	KOP	◎	◎	◎	◎	△	△	◎	○	○	×	◎
〔18〕		表面コート（ＫコートＰＥＴ）	KPET	◎	◎	◎	◎	◎	◎	◎	○	◎	×	◎

注　：ＨＳ；ヒートシール、Ｋコート；ポリ塩化ビニリデンコート

図表3－48　積層フィルムの性能メカニズム

No.	フィルム	遮断性		強度		機能			
		湿度	酸素	引張	剛度	透明性	HS性	保香性	印刷適性
〔5〕＋〔10〕	OPP／LDPE	○	×	◎	◎	○	◎	×	◎
〔7〕＋〔10〕	PET／LDPE	○	○	◎	◎	○	◎	◎	◎
〔5〕＋〔4〕＋〔10〕	OPP／AL／LDPE	◎	◎	◎	◎	×	◎	◎	◎
〔7〕＋〔15〕＋〔10〕	PET／EVOH／LDPE	○	◎	◎	◎	○	◎	◎	◎
〔19〕	セラミック蒸着PET	○	◎	◎	◎	◎	×	◎	◎
〔19〕＋〔10〕	セラミック蒸着PET／LDPE	◎	◎	◎	◎	◎	◎	◎	◎

ルムのため、シーラントフィルムに用いる。

〔15〕のエチレンビニルアルコール共重合体（EVOH）と〔4〕のアルミ箔は、ガス遮断などに優れたフィルムのため、バリアフィルムといわれる。

これらの単体フィルムを図表3－48の〔5〕+〔10〕のOPP／LDPEと〔7〕+〔10〕のPET／LDPEのように積層すると、バリア性を除いては「◎」や「○」が多くなり、さらに〔5〕+〔4〕+〔10〕のOPP／AL箔／LDPEと〔7〕+〔15〕+〔10〕のPET／EVOH／LDPEのように3層に積層すると、さらに「◎」が多くなる。

また、最近多く使用されているPETにセラミック蒸着した基材フィルムを〔19〕に、積層品として〔19〕+〔10〕のPET／セラミック蒸着／LDPEを示したが、さらに「◎」が多くなっている。

まとめとして、積層する基本構成は、

【基材フィルム／バリアフィルム／シーラントフィルム】となる。

これらを総括すると、印刷適性のある強度の強い基材フィルムを表面に、ガス遮断性のあるバリアフィルムを中間層にする。このバリアフィルムは-OH基をもつものがあるため、常時乾燥状態を保つ必要があり、中間層に薄厚に使用する。そして最内面はヒートシール強度の強いシーラントフィルムを使用するとよい。

(2) 積層材の基材フィルム

一般的にプラスチックなどのフィルム印刷には、グラビア方式で印刷を行い、色数は透明フィルムの場合は白色が必要となるため3原色（黄、赤、藍）＋墨色＋白色＋特色などの8色程度が標準となる。しかも1色ずつ印刷するので、色合わせの見当が生命線となる。

印刷は、フィルムにテンション（張力）を加え、引っ張りながら行うため伸びのない物理強度（抗張力）の強いフィルムが要求される。通常、基材フィルムにかける張力は、500㎜幅のフィルムでは、PET12㎛で70～150N、ナイロン15㎛で60～120N、OPP20㎛では50～150Nになる。

応力のかけ過ぎによる歪みは、印刷では見当が合わない現象が現れる。貼り合わせ時は、歪みがカールという現象で現れる。

基材として適すおもなフィルムとしては、Kコートを含むOPPやPET、紙類が多く、ついでNyやPSなどがあり、ごくわずかセロハンが使用される。アルミ箔では、厚手アルミ箔を使用した医薬品PTP用の連続模様印刷がある。

(3) 積層材のバリアフィルム

プラスチックに求められるバリア性は、ガスと水蒸気の遮断性とからなり、油脂分を含む多くの加工食品などは酸素により酸化変質するので、酸素（O_2）ガスを遮断することが必要となる。ガス置換時の不活性ガスは、窒素（N_2）ガスと二酸化炭素（CO_2）ガスを用いるため、この両者ガスの遮断性も必要となる。

図表3―49にガス遮断性のある包装材料を示した。アルミ箔、スチール箔、ガラスびん、金属缶などは、酸素などのガスが完全に遮断される。ガスバリア性プラスチックフィルムとしては、PVA、EVOH、PVDC、PAN、Ny、MXDナイロンなどがあるが、PVA、EVOHは水酸基（-OH基）を含むので、湿度に影響され、吸水するとガス遮断性が低下する。

また、ナイロン系はアミノ基（NH_2）をもつアミド結合（CONH-）が連結した重合体のため、酸あるいはアルカリの作用で加水分解する。さらに、湿度に影響を受け、吸水によりガス遮断性が低下する。PVDCは塩素基をもち、通常のPV

図表3－49　ガス遮断性のある包装材料

包装材料	透明性	酸素透過性 (mℓ/m²·d·MPa)	水蒸気透過性 (g/m²·d) (40℃、90% RH)
アルミニウム箔	×	0	0
スチール箔	×	0	0
アルミニウム蒸着 (PET ベース)	×	8～10	0.8～1.4
アルミナ蒸着 (PET ベース)	○	15	1.5
シリカ蒸着 (PET ベース)	○	6～12	0.8～1.0
ナイロン（Ny）、ポリアミド（Pa）	○	750 (25℃、90% RH)	25
ポリビニルアルコール (PVA)	○	3～60 (0－92% RH)	134
エチレンビニルアルコール共重合 (EVOH)	○	3～80 (20℃、0－85% RH)	30
ポリ塩化ビニリデン (PVDC)	○	12（25℃）	2.1（40℃）
MXD 6ナイロン	○	90（20℃、90% RH）	42
ガラスびん	○	0	0
金属缶	×	0	0

DCフィルムは塩化ビニルとの共重合で、約70～90%のPVDCを含有している。多層品はこれらのフィルムを中間に貼り合わせる。

基材フィルム表面に図表3―50に示すようなPVDC塗工、PVA塗工、アクリル酸系樹脂塗工、蒸着加工などをすることによりガス遮断性をもたせる方法がある。この塗工面を内面にすると、バリア層を中間に配したと同じことがいえる。PVDC塗工は95%以上のPVDCを塗工するため薄く(1㎛)塗工するだけでも十分なガス遮断性がある。

蒸着フィルムはアルミ、アルミナ、シリカなどがあり、60nmの薄膜でも十分にガス遮断性がある。このほかに、樹脂からフィルム押出し時に、同じダイスから多層に押出す共押出フィルムもある。基本通りに作ったフィルムは、バランスのとれたバリアフィルムとなる。

(4) 積層材のシーラントフィルム

シーラントフィルムは、ヒートシール(HS)を目的に作られたシール強度の強い高分子フィルムであって、低分子のラッカーコート品やホットメルトは対象外である。図表3―51には各種シーラントフィルムの特徴を示したが、長所と欠点が同居するので、特徴をよく把握して使い分けする必要がある。

プラスチックフィルムの選定順序は、安価で使いやすく、シール許容範囲の広いPE系を選定する。一般的にはLDPEを使用するが、水ものなど液体用には、一般のL―LDPEやメタロセン触媒のL―LDPEが使用される。

また、レトルト食品袋の内面は120℃、30分の高温殺菌に耐えるCPPが使用される。また、せんべい、こんぺい糖など硬く突起状のものには、

図表3－50　塗工による各種バリアフィルム

塗工	解説
ポリ塩化ビニリデン塗工（PVDC）	Kコートフィルムとよばれ、OPP、PETなどに塗工され防湿性、ガスバリア性に優れる。しかし、脱塩素問題から代替えが進んだが、安価で塗工量が少ないため復活の気配がある。
アルミ蒸着フィルム（ALVM）	アルミを蒸気化してPET、OPP、CPPフィルムの表面に付着させたもの。バリア性が向上し、とくに蒸着PETのバリア性は優れている。アルミ箔より美麗な金属光沢をもち、高級感が付与できる。
透明蒸着フィルム	シリカやアルミナの蒸気をフィルム表面に付着させたもので、シリカ（酸化珪素）はガラス成分、アルミナは酸化アルミで、ともに透明な被膜でバリア性が向上する。基材はPETが一般的で、ONy、OPPも使用される。レトルト殺菌から汎用品まで多くの種類があり、かなりの量が使用されている。
ポリビニルアルコール塗工（PVA）	OPPにPVAを塗工してKOPの代替に使用されるが、KOPと比べ高湿度下でガスバリアが落ちるため水ものボイルに適さない。二軸延伸PVAフィルムを中間に配したOPP／O-PVA／CPPの構成で、削り節に使用されている。
ハイブリッド品塗工	有機成分と無機成分の分子レベルの混合品をOPP（一部PETやONy）に塗工した製品。湿度依存性がなく、90% RHでも充分にガス充填に耐える。防湿性や耐水性はよくないので、ボイルやレトルトには不適。
ナノコンポジット品塗工	特殊無機化合物と有機高分子とを微細構造混合物を塗工したフィルムで、基材にはOPP、PET、ONyを用いる。酸素透過度は低く、防湿性はよいがボイルはできない。印刷、ラミネート適性にも優れる。
アクリル酸系塗工	アクリル酸系樹脂をフィルムに約1 μmの厚みで塗工したもので、高湿度でのガスバリア性に優れる。被膜は耐水性に優れ、レトルトに耐え、耐クラック性もよいが、防湿性はよくない。PET塗工品が主体。

図表3－51　各種シーラントフィルムの特徴

樹脂名		長所	短所
ポリエチレン(PE)	低密度PE（LDPE）	＊もっとも多く使用され、ヒートシールが強い。 ＊低温シール性があり、シールの温度範囲が広い。 ＊耐寒性、耐酸性、耐アルカリ性、耐薬品性に優れる。 ＊密度を変えると低温シール、夾雑物シール付与。	＊耐熱性がない。 ＊酸素ガス遮断性に欠ける。 ＊耐油性に欠ける。 ＊帯電性があり、粉がつきやすい。
	リニア低密度PE（L-LDPE）	＊水ものに多く使用され、ヒートシールがとくに強い。 ＊透明性があり、低温シール性あり。 ＊耐寒性、耐酸性、耐アルカリ性、耐薬品性に優れる。	＊耐熱性がない。 ＊酸素ガス遮断性に欠ける。 ＊耐油性に欠ける。
	メタロセン触媒L-LDPE	＊水ものに使用され、ヒートシールがとくに強い。 ＊低温シール性あり、衝撃強度がある。 ＊低臭性、透明性、対ブロッキング性、耐ピンホール性。	＊耐熱性がない。 ＊酸素ガス遮断性に欠ける。 ＊耐油性に欠ける。
無延伸ポリプロピレン（CPP）		＊耐熱性に優れ、防湿・防水性がある。 ＊表面硬度が高いため透明性を保持。 ＊耐油性、剛度が高い。	＊シール温度が高く、シール温度範囲が狭い。 ＊酸素ガス遮断性に欠ける。 ＊硬い。
エチレン酢酸ビニル（EVA）		＊柔軟性に富み、耐衝撃に優れる。 ＊伸びがあり、絞り性に優れ、シール強度が高い。 ＊低温シール、夾雑物シールに優れる。	＊滑りが悪く、酸素ガス遮断性に欠ける。 ＊過去水物に使ったが、L-LDPEに移行。 ＊酢酸ビニルが多いと酢酸の臭い。
アイオノマー（ionomer）		＊シール強度が高く、低温や夾雑物のシールに優れる。 ＊耐ピンホール性、耐油性に優れる。 ＊深絞り性に優れる（EVA、LDPEより）。	＊コストが高い。 ＊やや水分、滑りが悪い。
酸コポリマー系	エチレンエタクリル酸共重合体（EMAA）	＊アイオノマーとほぼ似ている（アイオノマーに比べヒートシール性は同程度で、引張強度、剛性、耐衝撃性、耐突刺しピンホールがやや悪い）。	
	エチレンアクリル酸共重合体（EAA）	＊EMAAと似ている。	
	エチレンエチルアクリレートル共重合体（EEA）	＊EVAと似ている（熱安定性に優れ、柔軟性がある）。	

PEは擦れて傷がつくが、表面硬度の高いCPPは傷がつかないため使われる。

エチレン酢酸ビニル共重合体（EVA）は、以前は水ものによく使用されたが、酢酸ビニルが多いと酢酸臭がしてブロッキングを起しやすいことから、L－LDPEへと移行している。酢酸ビニル（VA）は多く入れて柔らかくすると人体の動きに追従できるため、医療品によく使用される。

アイオノマーは、さまざまな物性に非常に優れているが高価なため、特殊用途のみに使用される。その代用として安価な酸コポリマーが使用される。

シーラントフィルムをシールする方式の適応性は、まずもっとも使用されている熱板方式で行い、次に電流の強さで制御するインパルスシール、それでも不適な場合は内部発熱方式の高周波シール方式か、摩擦熱による超音波シールで行う。

図表3－52に、シーラントフィルムの特性を示した。高密度PEは、ほとんどシーラントフィルムとしては使用しない。EVAは酢酸ビニル含有量（VAC）が5％であるが、臭いの問題から食品用には6～7％が限界とされる。なお、ヒートシール強度については、「ヒートシール軟包装袋及び半剛性容器の試験方法（JIS Z 0288：1998）」に次のような参考値がある。

- 重量物包装用袋などでとくに強いHS強さを要する場合（35N）
- レトルト殺菌用袋などで、強いHS強さを要する場合（23N）
- 一般包装用袋で、内容物質量が大きくやや強いHS強さを要する場合（15N）
- 一般包装用袋等などで内容物の質量が小さく普通のHS強さを要する場合（6N）

図表3－52　シーラントフィルムの特性

特性		低密度PE (LDPE)	高密度PE (HDPE)	リニア低密度PE (L-LDPE)	エチレン酢酸ビニル (EVA)（5％）	アイオノマー (ionomer)	無延伸ポリプロピレン（CPP）
外観	透明性	○	△	○	△～○	○～◎	◎
物理強度	剛度（腰）	△～○	◎	○～◎	△	○	◎
	引っ張り強度	△～○	◎	○	×～△	○	◎
	引裂強度	△	◎	○～◎	○	○	×
	衝撃強度	△	×～△	○～◎	○	△～○	×
性質	耐熱性	△～○	○～◎	△～○	△	△～○	◎
	耐寒性（-20℃）	○	○	◎	◎	◎	×～△
	耐油性	△	○	○	×～△	◎	◎
	防湿性	○	○～◎	○	△～○	○	◎
	酸素バリア性	×	△	×	×	×	×
シール適性	シール強度	○～◎	△	◎	○～◎	○～◎	○～◎
	低温シール性	○	×	○	◎	○～◎	×
	ホットタック性	△	○～◎	○～◎	△～○	◎	○
	夾雑物シール性	△～○	×	○	○	◎	×
おもな用途		フィルム	成形品、レジ袋	水物袋、一般フィルム、液体スープ	低温シール、咬込シール	深絞り用、紙積層品のシール	レトルト食品、せんべい、スナック

注　：◎；非常に優れる、○；優れる、△；普通、×；劣る

・パートコートまたはイージーピールの袋などでＨＳ強さが小さくてよい場合（３Ｎ）

(5) プラスチックフィルムへの蒸着

蒸着とは、高温で溶融蒸発させた物質を対象物に吸着させ、表面上に物質の固体被膜を形成することで、物理的反応を利用した物理蒸着（PVD=Physical Vapor Deposition）と、化学的反応を利用した化学蒸着（CVD = Chemical Vapor Deposition）がある。

物理蒸着は、蒸発させる金属（蒸発源）を加熱して気化させ、処理対象物の表面に吸着され冷却・固化する方法で、主に純金属の蒸着に用いられる。アルミの場合には、図表3―53のような装置で減圧して蒸着する真空蒸着（VM=Vacuum Metallize）方式で行い、高純度アルミ（99・99％）を１４００℃で加熱・蒸散させる。

化学蒸着は、素材となる反応物質を気化して反応ガスと混合、反応室内に充填して熱せられた対象物にガスが接触すると、熱平衡反応により対象物表面に皮膜が形成する。図表3―

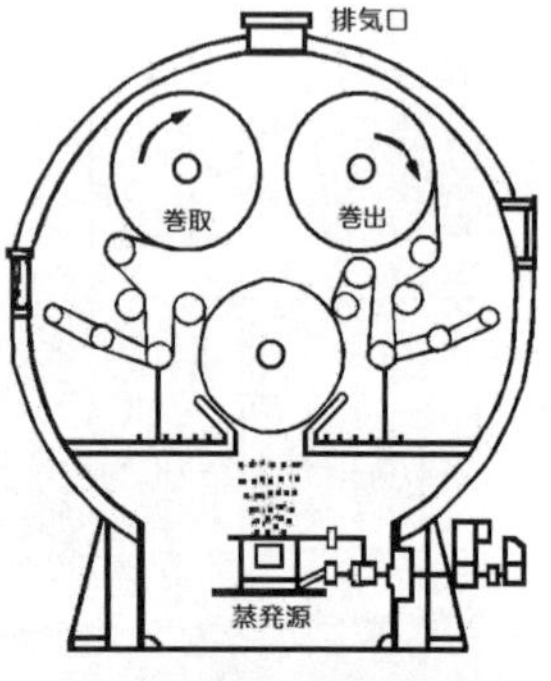

図表３－53
ＰＶＤ法（物理蒸着法）

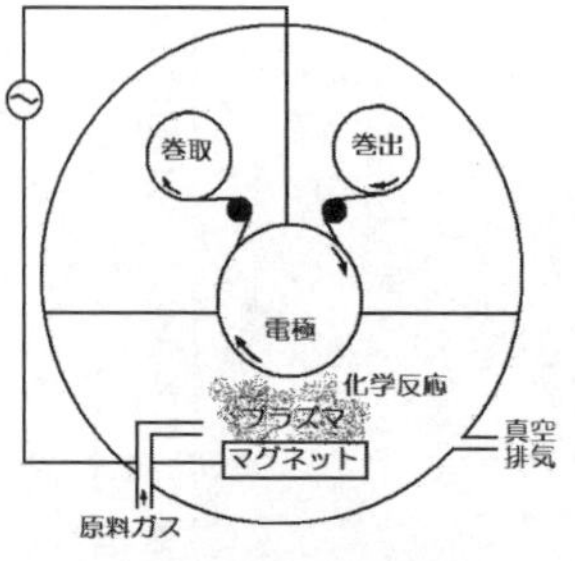

図３－54
ＣＶＤ法（化学蒸着法）

54は、セラミック蒸着用装置で電圧をかけてガスをプラズマ化して蒸着する方法である。

アルミ蒸着は多くはPVDC法で行い、その厚さは装飾用には20nm程度であるが、防湿包装には60nmを使用する。アルミ箔と比べ100分の1の厚さで防湿性は同程度となり、ガス遮断性はやや劣る。また、AL箔積層品（PET12／AL7／CPP20）とAL－VM積層品（PET12／ALVM／CPP20）との比較では、10回の耐折を行った後の透湿度はAL－VMの方が約2倍、防湿性が優れている。

AL－VM品は光線を遮断する特性もあり、20nmの厚さでは10～20％が透過するが、40nmではほぼ0％の透過となる。また、熱線を遮断する特性もあり、氷菓に用いると熱線を反射するため溶けにくくなる。

透明蒸着（セラミック蒸着）は、シリカ（SiO_2）、アルミナ（Al_2O_3）を蒸着することで、PVD法とCVD法とで行われる。これらは低コストの汎用からレトルト用まで、さまざまな種類がある。透明性、高い酸素ガス遮断性、レトルト殺菌（120℃、30分）適性、電子レンジ適性などの特性があり、アルミVMでは使用できない金属探知器が使用できる。

7 包装容器の形態

包装容器にはさまざまな形態があるが、その中で代表的なものを図表3―55に示した。

図表3－55　包装容器のおもな形態

【袋（Pouch）】

包装のタイプ	ピロータイプ包装 (Pillow type packaging)
特徴および用途（JIS 含む）	形　態
小袋包装形式の一種で、包装材料の縦の中央部を貼り合わせ、上下端を熱接着した包装（J） 合掌貼袋（Fin seal） 封筒貼袋（Envelope seal） ◆菓子、スナック、味噌、ラーメン、調味料、農産加工品など汎用	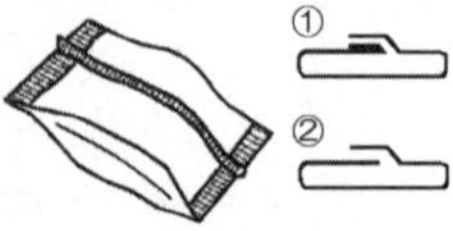
包装のタイプ	三方シール包装 (Three sideed seal packaging)
特徴および用途（JIS 含む）	形　態
小袋包装形式の一種で、包装材料を二つ折りにして、折り辺以外の３つの辺を熱接着した包装で、粉粒体の小分け包装に用いる（J） ◆薬品などに使用	
包装のタイプ	四方シール包装 (Four sideed seal packaging)
特徴および用途（JIS 含む）	形　態
小袋包装形式の一種で、包装材料を二つ折りにするか、または２枚重ね合わせて、四辺を熱接着した包装。粉粒体の小分け包装、比較的偏平な物品の密封包装に用いる（J） ◆ラーメンスープ、レトルト食品、漬物	
包装のタイプ	ストリップ包装 (Strip packaging)
特徴および用途（JIS 含む）	形　態
錠剤、カプセルのような小形のものを１個または複数個ずつ、２枚の包装材料の間に挟み込み、その周辺を熱接着した包装方法。包装材料には、気密性が高く、かつヒートシール可能なものが用いられる（J）	
包装のタイプ	スタンデングパウチ (Standing pouch)
特徴および用途（JIS 含む）	形　態
袋の底にひだを取り付け、立てられるようにした袋。製薬、食品、飲料用パウチとして使用（J） ◆漬物、飼料、海産物、レトルト食品、飲料	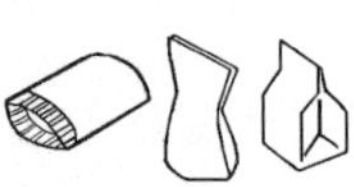

【容器（Container Tray）】

包装のタイプ	成形充填包装 （Form,fill & seal packaging）、 深絞り包装も含む （Deep draw）
特徴および用途（JIS 含む）	形　態
熱可塑性プラスチックシートを加熱、成形して容器を作り、その中に包装対象品を充填し、包装材料の一端または他のフタ材でシールを行う包装 ◆ジャム、チーズ、ハム、ソーセージ、餅、サンドイッチ、薬品、コーヒーミルクなど	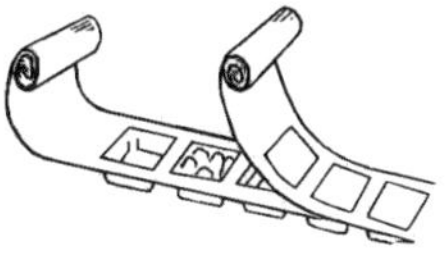
包装のタイプ	ブリスター包装 （Blister packaging）
特徴および用途（JIS 含む）	形　態
プラスチックシートを加熱成形して1個または複数個のくぼみを作り、その中に物品を入れ、開口部を紙、板紙、プラスチックフィルムまたはシート、アルミ箔などで覆い、周辺部を基材に接着した包装（J） ◆玩具、文房具、乾電池、注射針、飴など	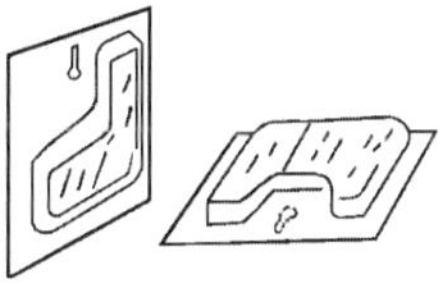
包装のタイプ	ＰＴＰ包装 （Press through packaging）
特徴および用途（JIS 含む）	形　態
ブリスター包装のフタ材にアルミ箔などの押出し性のよい材料を用いた、主に錠剤、カプセルなどの包装 ◆医薬品、飴	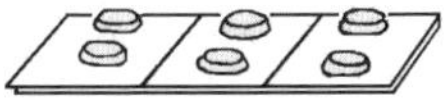

【フィルム包装】

包装のタイプ	スキンパック包装 (Skin packaging)
特徴および用途（JIS 含む）	形　態
通気孔をもった紙、板紙、プラスチックフィルムなどのベースシートの上に物品を置き、その上にプラスチックフィルムを被せ、加熱しつつベースシートを通して減圧脱気することにより、プラスチックフィルムを物品に強く密着させると同時に周辺部を固定した包装（J） ◆輸出用玩具、洋食器、文房具、雑貨など	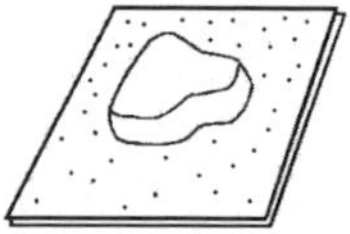
包装のタイプ	ストレッチ包装 (Stretch packaging)
特徴および用途（JIS 含む）	形　態
物品を１個または複数個まとめてその周囲を引っ張りながらストレッチフィルムで覆い包む包装方法（J）。接着はフィルムの自己接着性を利用するが、補助的に低温ヒーターを使用 ◆生鮮食品、果実など	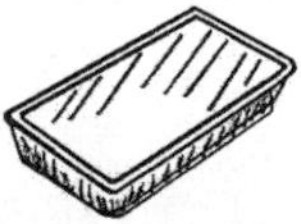
包装のタイプ	スリーブ包装 (Sleeve packaging)
特徴および用途（JIS 含む）	形　態
１個または複数個の物品を、段ボール、板紙、プラスチックフィルムなどで覆い包んだ筒状の包装方法（J） ◆繊維、フィルム、電線、タイヤなど	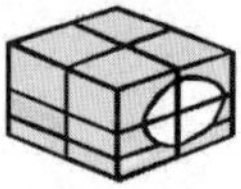
包装のタイプ	シュリンク包装 (Shrink packaging)
特徴および用途（JIS 含む）	形　態
物品を１個または複数個まとめてシュリンクフィルムで覆い、これを加熱収縮させ、物品を強く固定保持する包装方法（J） ◆ボトルのラベル、キャップ、カセットテープ、カップラーメン、繊維、家庭用品など	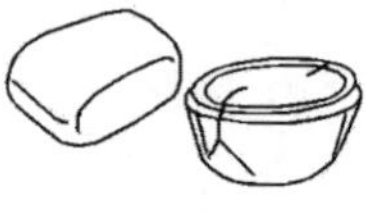
包装のタイプ	ロケット包装 (Cube packaging)
特徴および用途（JIS 含む）	形　態
チューブ状のケーシング（ＰＶＤＣなど）に物品を入れ、両端をワイヤー、ひもにて結紮する包装方法 ◆ハム、ソーセージ、山菜、しらたき、牡蠣、レーズンバター、ういろうなど	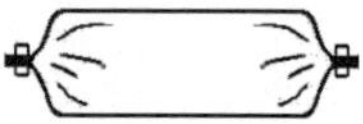

【ラッピング（Wrapping）】

包装のタイプ	上包み包装（Over-wrapping）
特徴および用途（JIS 含む）	形　態
柔軟な包装材で物品を覆い包むラッピングの一種で、すでに包装を施したものをさらに覆い包む包装形態（Ｊ）	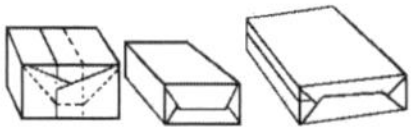
包装のタイプ	折畳み包装（Fold-wrapping）
特徴および用途（JIS 含む）	形　態
１個または複数個の包装対象品を軟包装材料で覆い、その端部を折り畳んで止める包装（Ｊ） ◆菓子、たばこ、キャラメル	
包装のタイプ	ひねり包装（Twist-wrapping）
特徴および用途（JIS 含む）	形　態
１個または複数個の包装対象品を軟包装材料で覆い、その両端または片方の端をひねって止める包装（Ｊ） ◆飴	

【その他】

包装のタイプ	ピルファープルーフ（Pilfer-proof）
特徴および用途（JIS 含む）	形　態
盗難、改ざん防止を目的とし、開封、開栓、開包など外観で分かるようにした封緘技法（Ｊ）。タンパー（Tammper）プルーフともいう ◆食品、薬品	
包装のタイプ	チャイルドレジスタント（Child-resistant）
特徴および用途（JIS 含む）	形　態
乳幼児の事故防止を目的とし、誤って開封、開栓、開包などができないようにした封緘技法（Ｊ） ◆薬品	
包装のタイプ	マルチパック（Multi-pack）
特徴および用途（JIS 含む）	形　態
最小販売単位の同一包装物品または物品を２個以上まとめた包装物品（Ｊ）	

注　：◆；おもな用途、（Ｊ）；JIS 用語引用

第4章 品質保持における食品包装の役割

1 包装は食品の保存に不可欠

食生活の多様化にともなう食品保存のニーズを図表4―1に示した。現代では、核家族化、高齢化社会などの社会的インパクトに対し、自己主張や選別消費などの個人的ニーズや食生活のさまざまな志向がある。

たとえば多水分系食品、低塩・低糖などのニーズがあるが、従来からの乾燥、塩漬、砂糖漬といった保存方式とはベクトルがまったく逆になり、もはや、伝統的な方法で保存することはできない。そこで、このギャップを埋めるのが現代の食品包装の使命といえる。また、流通面で、保存や輸送における期間と温度帯も包装に影響を及ぼす。

包装に機能をもたせ包装技法を施すことで、食のニーズを満足させ、おいしく衛生的で安全に長持ちさせることが可能となるのである。以下詳しく解説する。

(1) 伝統的食品と現代志向とのギャップ

① 社会的なインパクト

現在の食生活を語るとき、多くの社会的なインパクトが存在している。多様化時代の到来、高齢化社会の拡大、核家族化の進行、主婦就労率の上昇、生活の維持、国際化や自由貿易化への対応、食料の自給率低下、安心・安全の確保、環境問題、省資源や省エネルギー対策、労働環境の整備、労働時間短縮、ジャスト・イン・タイム思想への対

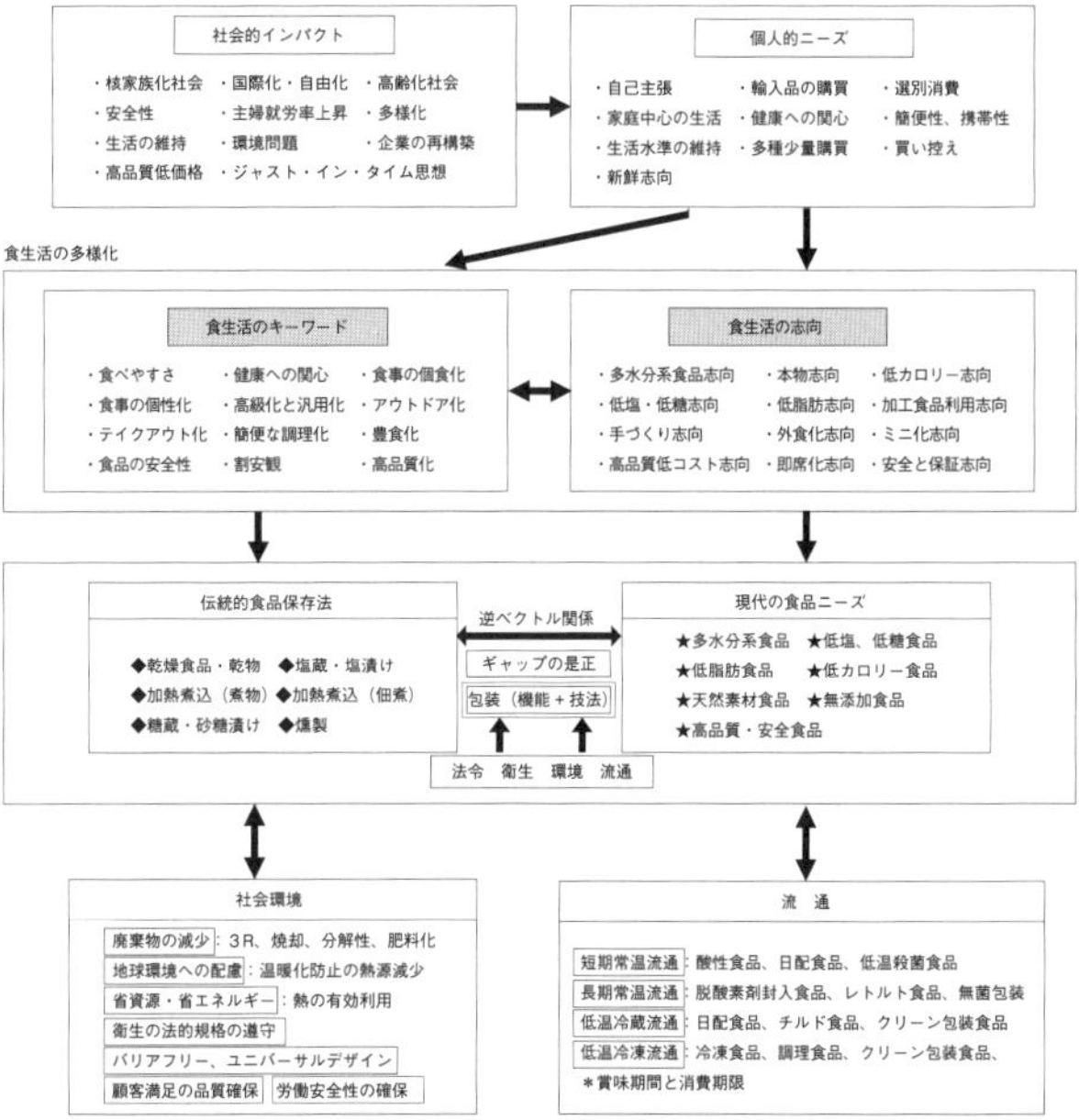

図表４－１
食生活の多様化にともなう食品保存のニーズ

応などが社会的なインパクトとなる。

② 個人的ニーズ

社会的なインパクトを受け、個人的ニーズが発生する。自己主張、選別消費、健康への関心、生活水準の維持、低廉輸入品と高級品との購買選別、核家族の多様化訴求、簡便性、携帯性、多種少量購買、余暇時間の有効利用、新鮮素材への志向などがある。この個人のニーズと志向が食生活の多様化に深く結びついていく。

③ 食生活でのキーワード

食生活に対するキーワードは、食べやすさ、食事の個食化と個性化、豊食化、高級化と汎用化、健康への関心、アウトドア化、簡便な調理化、テイクアウト化、安全化、割安感などがあり、これらのキーワードから食生活のニーズが生まれる。

④ 食に対する志向の変化

食生活の多様化にともない、食生活の志向が変化している。高齢化社会を迎え、柔らかい多水分系食品志向、淡白な味の本物志向、健康を留意する低カロリー志向・低脂肪志向・低塩志向・低糖志向などの保健志向のニーズが強い。

また、単身者の増加や女性の就労の増加により、簡便性や利便性を訴求するインスタント化志向・加工食品利用志向・外食化志向・ミニ化志向などの各種の志向が生まれる。その他、簡易に処理され、包装された素材を使い家庭で手を加えて完成品に仕上げる手づくり志向なども ある。高品質でありながら低コスト（割安感）への経済性の志向も強い。

最近は、食品の品質保証問題が国際的に取り上げられ、ＩＳＯ９００１やＨＡＣＣＰ（危害分析重要管理点）を主体とした総合衛生管理が進んでいる。食品の品質保証と同じように安全性の志向も強く、輸入食品の増加とともにトレーサビリティー、ポストハーベスト（収穫後の農薬使用）問題、残量農薬のポジティブ・リスト、ＰＬ問題などもあり、今後ともさらに安全・安心に対するニーズは強まる。

(2) 現代の食品志向と問題点

① 新しい食品保存へのニーズ

食生活の多水分系食品志向、淡白な味志向、自然食品志向、低カロリー志向、低脂肪志向、低塩・低糖志向、高品質と安全志向、無添加食品志向など、新しい食品保存へのニーズの必要性が求められている。

これらは、伝統的な乾燥、塩蔵、糖蔵、薫製、酢漬け、食品添加物の添加などの食品保存方法とはまったく反対の逆ベクトルとなり、このギャップを埋めるのが包装の機能と包装技法である。

包装の機能として保護性、包装作業性、利便性、商品性、衛生性、経済性、社会環境性などがあり、包装技法では殺菌、無菌包装、真空包装、不活性ガス置換包装、脱酸素剤封入包装、防湿包装、ガス遮断包装、クリーン包装、冷蔵包装、冷凍包装などがあげられる。これら包装機能と技法を酷使し、食品の保存性を高めているのである。この食品の保存性は、流通条件や社会環境条件によっても変わってくる。

② 社会環境問題

社会環境問題では環境問題が重要である。消費者においては廃棄物が多く、目立ちやすい存在のため、「容器包装リサイクル法」が制定され、受益者負担による処理分担金が法令化された。再資源化のための3R（リデュース、リユース、リサイクル）が動き、循環型社会を形成するシステム作りが整備された。

地球温暖化は、根源的な問題として全世界での対応が必要とされる。酸性雨の発生、熱帯雨林の減少は、貧困国の人口爆発、森林伐採などによって引き起こされ、地球規模で対応・解決すべき問題である。大気汚染や水質汚濁などの公害は、発生源の企業が姿勢を正し改善することが義務となる。

③ 流通問題

流通問題をシェルフライフ（保存可能期間）との関係でみると、短期流通と長期流通、また常温流通と低温流通とで保存方法によって包装に対する考え方が基本的に異なる。

もっとも簡易な流通は、食品のシェルフライフが短く、地域販売の日配食品や生鮮食品などに相当する短期常温流通食品であり、包装も比較的簡易である。

次に短期の低温流通は、食品のシェルフライフがさらに短いものが多く、日配食品やチルド食品がこれに相当する。これらは食中毒を起こす原因となりやすいため、低温流通する必要がある。

冷凍食品は、食品中の細菌類が繁殖できない温度帯（マイナス18℃）で長期保存することで、菌を静菌状態にしており、解凍すると同時に増殖する。そのため、冷凍開始時に鮮度を保持しつつ、菌数（初発菌数）を少なくするようクリーンルーム内で充填・包装する必要がある。

もっとも困難な保存技法は、常温長期間の保存・流通である。適度の水分と栄養分は細菌類の絶好の生育条件となるため、これらの繁殖を抑えるために各種の包装技法が使用されている。昔は乾燥、塩蔵、糖蔵、薫製、酢漬けなど伝統的な保存技法を用いたが、現代の食品訴求では受け入れられない。

そのため、加熱殺菌、照射殺菌、薬品殺菌、クリーンルームでの包装作業、脱酸素剤を用いた包装技法が採用され、保存性を高めている。

ところで、生活者へ提供する食品のシェルフライフ情報は、製造日表示から期限表示に変更された。従来は製造日表示なので新しい日付から購買する風習があったが、十分においしさや安全性が保たれているのに日付が古いだけで廃棄されており、資源の無駄が指摘された。

期限表示に変更後は、安心して食べられる期間を「賞味期限」として表示している。ただし、おおむね5日以内のシェルフライフの短い日配食品表示は、「消費期限」になっている。

2 求められる包装機能と包装技法

(1) 食品包装の機能

包装には、保護性をはじめ、次のようなさまざまな機能が求められる（図表4－2）。

① 保護性

包装の最重要機能は保護性で、保護性のない包装はあり得ない。保護性の一つ、バリア性とは、ガス遮断性や防湿性などを指し、包装材料がもつ固有の特性に起因するため、包装材の選定が重要となる。

安定性とは、特定の状態・雰囲気でも変化しない耐性のことで、たとえば、船舶輸送中に高温多湿のため発錆・発汗による破壊があるようなことがあれば、包装としての役割が果たせていないことになる。

物理的強度では、物流時に内装や外装の包装貨物の外界からの応力に耐える包装が求められる。

② 包装作業性

個装に対する包装機械適性と輸送・工業包装の荷役などの包装作業とがある。包装機械適性では、ヒートシールなどの密封技法が大切で、シールの完全性が訴求される。それと同時に、大量のものを均一かつ衛生的に行うことが必要とされる。

輸送・工業包装の包装作業には、荷役・保管・梱包・開梱などの作業面（ハンドリング）と、安全作業性、荷抜け・盗難防止性などの安全面とがある。

作業にあたっては、安全性が最優先されるため、安全作業を行えるシステム作りが大切とされる。とくに、危険や環境悪化職場では、包装機械やロボットの無人化などによる安全確保が必要不可欠となる。

図表４－２　包装に要求される機能

機能		項目
保護性	バリア性	★ガス（酸素、窒素など）、水蒸気、香気成分、可視光線、紫外線、微生物、揮発性物質 ●錆
	安定性	★高温、水、薬品、環境温度、環境湿度、有機溶剤、冷蔵、冷凍、油脂、気圧変化 ◆光線、高温加熱水（レトルト適性）、電子レンジ、放射線
	物理強度性	★引張強さ、伸び、引裂強さ、衝撃強さ、剛度、屈折強さ、落下強さ、摩耗強さ、摩擦強さ、破裂強さ、ピンホール強度 ●圧縮強さ、緩衝強さ
包装作業性		★包装機械適性（HS性と強度、滑り、剛度、寸法安定、帯電、カール、熱収縮など）、包装ライン化適性、シール適性（夾雑物、熱間、低温）、易検査適性、ロボット作業適性 ●荷役・荷造・梱包作業適性、保管・輸送作業適性、危険職場適性、環境悪化作業適性、開梱適性、荷抜け・盗難防止 ◆衛生配慮包装機械適性
	安全性	★包装機械の安全性、安全作業適性、リスクマネジメント、二次元コード利用、ICタグ、危険職場の安全性、未熟練者作業安全性、環境悪化作業の安全性
利便性		★宅配適性、取り扱い簡便性、ネット販売、店舗販売（カタログ）、規格化 ●取り扱い単位、コンテナ化、ユニット化、レンタルパレット化、開梱性 ◆携帯性、開封性、再封性、簡便性、即席性、調理食品化 、テイクアウト適性、ミニ化
経済性		★単価、トータルコスト化、包装合理化・適正包装、包装システム化、情報化（POS）、ロボット化、標準化／モジュール化 ●ユニットロード化、FMS化、通い箱化
商品性		★色彩効果、構造形態、高級化、生活者行動調査、商品単位、識別効果、表示明確化、簡易包装化、禁止事項表示 ●ケアマーク表示 ◆デザイン・印刷効果、透明度、光沢、平滑度・白色度、ファッション化、差別化、宣伝・陳列効果、賞味期間表示
衛生性		★法（食品衛生法、薬事法など）などの適合、総合衛生管理（HACCP・ISO 22000）への対応、GMP対策、微生物（細菌、酵母、カビ）の管理、安全衛生（急性毒性、慢性毒性、発ガン性、遺伝子作用など）、衛生の工程間管理（トレーサビリティー）、環境の衛生確保、輸入品の安全性、防虫・防鼠対策 ●輸送中の温度管理 ◆殺菌効果、滅菌効果、クリーン化（無菌化）効果、無菌効果、添加物の添加効果と安全性、臭気対策、タンパープルーフ（改ざん防止）化
社会環境性		★法適合（商法、PL法、消費者基本法、食品衛生法、薬事法など）、ISO9000S（品質MS）、資源の有効活用、廃棄物処理対応（発生源の減量、リユース、リサイクル、焼却、埋め立て、肥料化、燃料化）、適正包装化、地球環境問題対応（温暖化ガス削減など）、有害物質処理、省資源・省エネ化、ISO14000S（環境MS）、道徳問題（ポイ捨てなど）、資源の安定供給、アフターユース適性、安全リスクマネジメント（OHSAS18000）対応、企業の社会的責任（CSR） ●３K職場の払拭

注　：★；輸送包装と消費者包装に関連、●；輸送包装に関連、◆；消費者包装に関連

③利便性

アウトドア化、単身者増加、主婦の社会進出化、核家庭化などの社会構造変化にともない、ライフスタイルも変化して戸外にて食べることが多くなっている。そのため、携帯性や開封性、再封性、簡便・即席性などのニーズの高まりに対応した包装が求められる。

④経済性

消費財としての包装は低廉性が必要とされ、個々の単価も重要であるが包装システム全体のトータルのコストダウンがもっとも重要とされる。そのため、安価な材料選択、薄肉化、規格化、モジュール化、コンピューター管理などが求められる。

⑤商品性能

選別消費が進むなか差別化、効果的な印刷や構造、ファッション性、商品情報伝達性、陳列性などが重要な要因となっている。とくに、消費者包装はセルフサービス販売で、商品価値がなければ購買の対象とならないため、包装に対し購買意欲を啓蒙する商品性が必要不可欠となる。

一方、工業包装では、識別性、標示性、表示性などが求められ、さらにPL法との関連でケアマークや禁止事項表示なども必要とされる。近年、ディスカウントストアで家電などが販売され、美粧性をもった段ボール箱のニーズも強くなっているが、これら商品機能の高級包装化に対し簡易包装化のニーズも強くある。

⑥衛生性能

経口性の食品や医薬品は衛生性が必要不可欠である。とくに内容物と直接に接触する製品は、食品衛生法や薬事法を遵守する義務がある。衛生安全性は、急性毒性から三世代先の遺伝子への影響まで検証するよう安全性が深化している。

過去には、食品の衛生安全性に対して多くの偽装問題が発生しているが、総合衛生管理とトレーサビリティーなどを含んだＩＳＯ２２０００が食品業界で始動しており、包装もこれに対応した包装材料の要求が強くなっている。

また、衛生的な環境作りも重要で、無菌包装、クリーン（無菌化）包装、冷凍包装などのニーズの高まりとともに、包装材料を含めた微生物制御管理や材質の衛生性能が必要とされる。

⑦ 社会環境性

各種の法規制には遵守義務があり、衛生法の規制基準は絶対に遵守しなければならない。「循環型社会の形成」から究極的な「持続可能な社会作り」を目指して、循環型社会形成推進基本法が制定されており、包装をターゲットにした容器包装リサイクル法は、受益者負担を原則としたものとなっている。また、各メーカーは「カーボンフットプリント」にも対応する必要がある。

環境については、環境マネジメント（ＩＳＯ１４００１）の普及から環境管理、環境会計、環境監査、グリーン調達などが一般化している。

労働安全面では、「労働リスクマネジメント（ＯＨＳＡＳ１８０００）」が促進され、国際的に安全の重要性が高まっている。包装機械においては、「ＰＡＳＳマーク（日本）」「ＣＥマーク（欧州）」が普及している。輸出入製品が多くなると国際間の表示・規格などが異なり、統合したり、緩和したりして国際整合性をはかる必要がある。さらにＯＨＳパフォーマンスを向上させた、人命を救う手助けとなる新規格ＩＳＯ　４５００１「労働安全衛生」の開発がすすめられている。ＩＳ

O45001は、マネジメントシステムの実施と労働者の傷害や健康障害のリスクを減少させる枠組みになっている。

昨今、企業の社会的責任が問われる時代になり、社会に対する透明性、負の情報を含めた各種情報の公開、企業の社会的文化的貢献が訴求され、積極的に社会的責任を果たす必要がある（企業の社会的責任＝CSR）。荷役作業や包装機械などを扱うための安全性確保も、PL法との関連で重要事項となる。

(2) 食品包装技法

包装技法がなければおいしく、安心で安全で、かつ長持ちできる食品は存在しない。図表4―3に、代表的な各種包装技法を示したが、これから必要に応じて記述する。

3 食品の変質要因と防止方法

(1) 加工食品の変質と防止対策の概要

加工食品を包装するには、食品が変質する要因をよく観察・分析して把握する必要があり、そのうえでそれを防止する対策をしなければならない。食品の変質要因としては、化学的変質、物理的変質、生物的変質などがあり、図表4―4に示すように加工食品の変質要因と症状、その防止の概要、具体的な防止対策がある。これが、食品の保護と保存に大きく関連していることになる。以下、個々の変質要因と防止法について概要を記す。

(2) 化学的変質

食品の化学的な変質には、図表4―5に示すよ

図表4－3　代表的な各種包装技法

包装技法	具体的な方法
防湿包装	水分・水蒸気遮断（積層、乾燥剤封入など）
ガスバリア包装	酸素ガス遮断（塗工、積層、蒸着、脱酸素剤封入）
光線遮断包装	インキ、アルミ蒸着などによる遮光
真空包装	酸素ガスを減圧して排除
ガス置換包装	酸素ガスを不活性ガス（CO_2など）で置換する技法
鮮度保持包装	脱酸素剤、アルコール製剤、エチレン吸収剤など
ガス分解	青果物鮮度保持、脱臭（過マンガン酸カリ）包材など
揮発性物質吸着包装	ガス吸着包装（活性炭、シリカゲル、エチレン吸着）
CA 包装	牛肉などの鮮度保持
水分調整包装	吸水性もある保水性シートの利用
密封包装	ヒートシール技法、密栓、二重巻き缶などの密封
制菌包装	低温保存（冷蔵、冷凍など）など
殺菌包装	加熱（温湯など）、紫外線、γ線、ガス、薬品など
無菌包装	加圧熱水（レトルトなど）、無菌包装、γ線、無菌、ガス、薬品、超高圧など
滅菌包装	加圧熱水（レトルトなど）、γ線、ガス、薬品など
クリーン（無菌化）包装	クリーン包装（クリーンルームでの作業）
抗菌包装	ヒノキオール、金属イオン抗菌性包装など
電子レンジ対応包装	電子レンジによる調理可能な容器
易開封	界面はく離、鋭角形状による応力集中はく離、凝縮破壊など
再封	ジッパー袋、スライド袋、スクリューキャップなど
蒸着・スパッター	金属蒸着、セラミック蒸着など
安全性品質確保	難開封性、ISO9001、PL 法、HACCP、JIS、JAS、CE マーキング
環境対応包装	地球温暖化、酸性雨、環境配慮包装など
BF･UD 包装	点字印刷表示、持ちやすい包装、易開封性
防曇包装	防曇効果－界面活性化
緩衝・固定技法	緩衝材、固定する技法など
悪戯防止包装	悪戯防止、未使用確認技法など
特殊技法	加温技法、加熱技法、冷却技法、感温表示技法など

図表４－４　加工食品の変質と防止法

変質	要因	変質の症状	防止の概要	具体的な防止対策
化学的変質	酸素	＊油脂酸化 ＊香気変化 ＊栄養価減少 ＊褐変	・酸素濃度の低下 ・酸化促進物の除去	ヘッドスペース低下／蒸気置換／真空／脱酸素剤封入／不活性ガス発生剤封入／不活性ガス置換（吹込法、真空脱気法）
	光線	＊褐変 ＊風味の変化 ＊酸化の増進	・可視光線の遮断 ・紫外線（UV）遮断	遮光包装；AL 箔と蒸着、缶、紙器、UV カット、赤インキ／着色（褐色、緑色）びん
物理的変質	水蒸気吸湿	＊褐変 ＊有害物質生成 ＊軟化 ＊腐敗 ＊膨張 ＊食感変化 ＊異臭発生	・水蒸気の侵入防止 ・水分の侵入防止	防湿・防水／乾燥剤封入／吸水性ポリマーの吸湿包装／急速冷凍乾燥
	乾燥	＊ひび割れ ＊硬化 ＊香気成分揮散 ＊もろさ	・水分の離脱防止	防水・防湿包装／吸水性ポリマー使用の保水性包装
	損傷	＊外圧による外観損傷	・包材強化 ・取扱注意 ・緩衝材の使用	高強度度包材／壊れにくい構造体／衝撃吸収と固定（コンテナーなど）
生物的変質	微生物	＊発酵 ＊腐敗 ＊カビの発生	・食品自体の調整	pH と水分活性の調整／食品添加物の添加
			・殺菌 ・滅菌	加熱殺菌／照射殺菌／無菌／ガス殺菌／アルコール製剤封入／加圧殺菌
			・低温流通	チルド流通／冷凍流通／冷蔵流通／衛生管理
			・保存料添加	保存料の添加／保存剤封入
			・環境のクリーン化	クリーン包装／ GMP 対応包装
	昆虫・鼠	＊外的損傷	・殺虫・防鼠対策	殺虫剤／防鼠剤／誘蛾灯／防虫灯／高電圧殺虫灯／防虫包装

うに油脂・色素・ビタミン類（アスコルビン酸など）などの酸化、還元糖・アミノ酸・還元物質（レダクトン）による褐変などの化学変化が起こり、変色や異臭が発生して風味が低下する。すなわち、変質には酸化、加水分解、油の戻り、色素の酸化、たん白質構造の破壊によるテクスチャーの変化、保水性の低下、古臭、非酵母的褐変などの現象があり、食品の味や香り、栄養価などが劣化し、時には毒性を示す物質を生じることもある。その変質要因には、酸敗原因の酸素、可視光線・紫外線の光線、褐変原因の水分、青果物熟成時のエチレン揮発性物質がある。

食品は、加工や貯蔵中に褐変することがあり、褐変反応は、青果物の褐変のような酵素の関与する酵素的褐変と、アミノ・カルボニル反応（メイラード反応）による非酵素的褐変がある。後者は

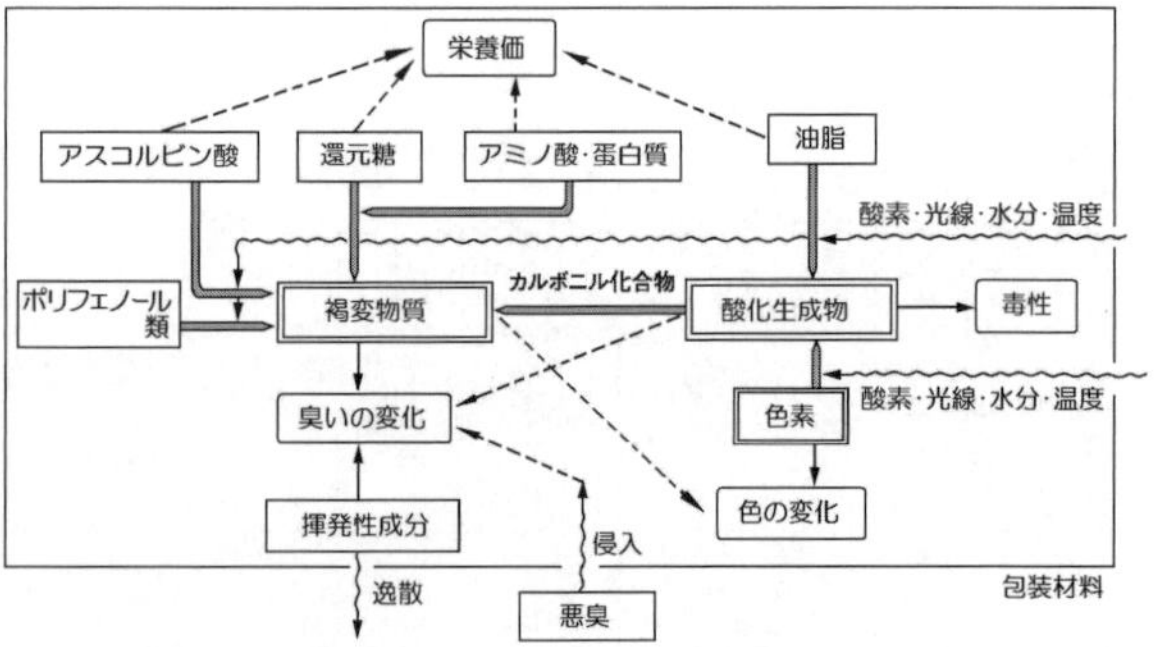

資料：石谷孝祐「食品の品質・風味保持と包装」（包装技術学校テキスト）
日刊工業新聞社（2010）

図表４－５　化学的変質のメカニズム

食品中の還元糖（ブドウ糖、果糖など）とアミノ酸、たん白質・ペプチドが反応して、オゾン類などの還元物質を生成し、これらが重合したり、アミノ化合物と反応したりして褐変物質（メラノイジン）を生成する。褐変には、食品に好ましい色と香りを与える加熱褐変と、色調の暗色化や褐変臭など変質の原因になる酸化褐変がある。

1) 酸素による変質

酸素の存在で油脂を含む食品の酸化が進むが、図表４―６のように、油脂の種類や金属イオンの量、雰囲気の酸素濃度・温湿度、光線などによって酸化速度が大きくなる。

食品の酸化速度に与える影響の大きさは、食品の性質、とくに油脂の安定性と密接な関係がある。油脂や油性食品の酸化度は、酸化によって生成する

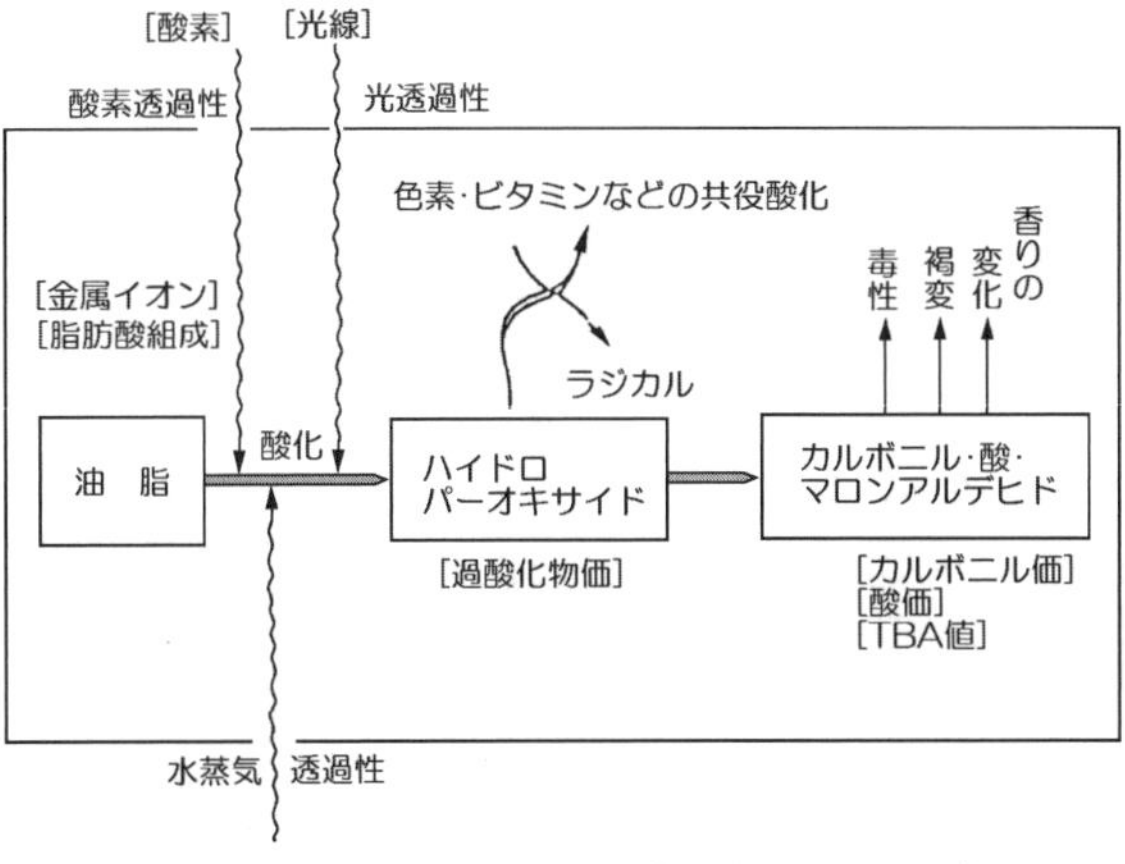

資料：石谷孝祐「食品の品質・風味保持と包装」（包装技術学校テキスト）
日刊工業新聞社（2010）

図表４－６　油脂の酸化のメカニズム

ハイドロパーオキサイドを測定する過酸化物価（POV）や、その分解物を測定するカルボニル価、酸価、TBA（Thiobarbituric Acid）値により表す。色素やビタミンなどの酸化は、油脂の酸化で生成したラジカルにより酸化が促進する。そして、酸化により有害物質生成、酸化臭など香気変化、ビタミン・ミネラルの栄養価減少、褐変などの変質となる。

食品成分の酸化には、酸素の濃度と量が関係する。油性食品の包装では、食品中に油脂含量と袋内の酸素量の相対量で酸化の程度が異なる。含気包装では、袋内に油脂を酸化するのに十分な酸素があり、貯蔵中に油脂が酸化されPOVの上昇、異臭の発生、変色が起こる。

これに対する変質防止方法は、酸素濃度の低下と酸化促進物の除去にある。具体的には、真空包装、不活性ガス置換包装、脱酸素剤封入包装、不活性ガス発生剤封入包装などの防止方法がある。食品変質防止には、酸素濃度は0・5％以下が要求され、真空包装では完全に空気を排除後、減圧真空中で密封包装される。ガス置換包装は、不活性ガスを吹き込みつつ酸素を追い出すガスフラッシュ法と、真空後に不活性ガスを注入する方法とがある。

脱酸素剤封入包装・不活性ガス発生剤封入包装は、適切封入量ならば袋内酸素を完全吸収でき、かつ、食品内部に含有する酸素まで吸収するので、酸素除去効果は十分となる。

酸素ガスの透過防止には、酸素ガスを透過しにくい包装材料の選定が前提となり、酸素ガス高遮断性の包装材料のハイガスバリア包材が必要とされる。

2）光線による変質

食品の化学的変質を左右する電磁波は、紫外線

（UV）と紫外域に近い可視光線（紫外線域）である。食品は、紫外線域の外的なインパクトにより色、風味、テクスチャーなどに大きな変化を受ける。紫外線域による変質メカニズムとしては、食品中の油脂分が光線にあたると、カルボニル基が遊離してラジカルな物質を生成し、増感効果作用と相まって自動酸化や褐変が進むのである。

変質防止には紫外線域を遮断することが重要で、遮光方法には図表4－7のような段階がある。着色フィルムの光透過率や各種光源の比特性エネルギー分布を調べると、色相と光源により差があることがわかる。

3) 水分（吸湿）による変質

水分の移行は、水蒸気の浸透圧の問題で、物理的な現象であるが、水分の存在により食品との間

図表4－7　光線を遮断する方法

光線透過度合	項目	方法	主な用途
透過を減少	印刷インキによる減少	印刷インキにより品質低下阻止（とくに赤色インキが紫外域透過を阻止する）	即席ラーメンの全面印刷、ハム・ソーセージの赤色
	紫外線カットインキ	色材顔料を細かく微細にしたインクで、やや透明感がある	食品・医薬品の透明プラ袋に使用
	紫外線カットフイルム	ガラス窓など貼る（包装材料には無理）	窓貼り用
透過を防ぐ	紙類	色紙の方が透過し難い(不透明)	紙器(厚紙ほど良い)
	色ガラス	茶色は透過しにくく、グリーンはやや透過、透明びんは透過する	ガラスびん
完全遮光	金属箔、金属蒸着	不透明であるが完全に遮光する	金属缶、アルミ箔、金属蒸着品
	遮光紙、遮光フィルム	カーボンを紙やプラスチックに厚塗り塗工したもので完全遮光	感光材用包装

で加水分解、保水性低下、非酵母的褐色、有害物質の生成などの化学的変質が生じる。

したがって、水分移行には防水包装や防湿包装を行い、かつ湿気を吸着する乾燥剤を封入して高い防湿性を保つ必要がある。

4) 酸素・水分などによるにおいの変化

食品において、「におい（匂い、臭い）」や「香り」はわずかな量でも嗜好性を大きく左右するので、風味変化の重要な要素になっている。包装食品のにおいは、図表4―8のような要因により食品のもつ「良い匂い」が失われたり、悪い臭いに変化してしまったりするものまである。

① 好ましい香り

食品の原料に含まれる好ましい香りや、加熱や熟成の過程で生成する香気成分は好ましい香りで

資料：石谷孝祐「食品の品質・風味保持と包装」（包装技術学校テキスト）日刊工業新聞社（2010）

図表４－８　包装食品におけるにおいの変化要因

ある。スパイス、緑茶、コーヒーなどの香りが大切な食品は、揮発性物質の透過や収着が少なく、保香性に優れた包材で包装し、香気成分の減少を極力防止する。

② 流通・保存での風味低下

食品の流通・保存中に微生物や酵素の作用により異臭が発生し、風味が低下する場合には、衛生管理や加熱殺菌、低温流通、ガス置換包装、保存料の添加などの適切な品質保持技法を選び、微生物や酵素による変敗そのものを防止する必要がある。

③ 乾燥品の風味変化

油菓子、ポテトチップス、緑茶、とろろ昆布、削り節などの乾燥食品は、保存中に油脂や色素、ビタミンなどの酸化や、還元糖とアミノ酸による褐変反応などで異臭が発生し風味が変化する。このような食品は、包装により酸素や光線を遮断し、ガス置換包装や脱酸素剤封入包装や酸化防止剤の添加などにより、酸化による風味の劣化を防止する。

④ 臭い移り

包材自身や環境の臭いが食品に移り、風味が低下する場合には、においを通さない低臭の包材で食品を包装し、環境の異臭に気を配ることが大切である。

(3) 物理的変質

食品の物理的変質は、水分移行による乾燥・吸湿・潮解、揮発成分による香気逸脱、移り香などのオフフレーバー、振動や衝撃による破損や傷害、成分の結晶化によるブルーミング、物性変化、粉体のケーキングなど多岐にわたる。これら変質には、環境の温湿度が大きく影響するが、酵母や光線も関与する。

① 吸湿（水蒸気）による変質

食品が吸水すると、軟化・食感の変化・膨張・異臭発生、腐敗など変質の症状となる。粉末や乾燥食品が水蒸気を吸湿すると、潮解・凝集・固化などの現象が生じ、変質につながる。

クラッカーは、水分が5％を超えると食品物性に変化が生じ軟化する。粉末スープは、水分量が4％を超えると固化・潮解の現象を起こす。

吸湿変質の防止は、防湿包装・防水包装・乾燥剤入り包装・急速冷凍食品包装などの水蒸気侵入防止方法がある。乾燥食品包装には、防湿包装や乾燥剤入り包装がもっとも一般的で有効である。

② 乾燥による変質

乾燥により食品は香気成分が揮散し、固くひび割れ現象を起こしもろくなる。この変質防止には、食品中の水分離脱を防ぐことが必要である。水分や水蒸気をリークさせない防水包装、防湿包装、吸水性ポリマー塗工包装といった保水包装なども必要とされる。

③ 損傷による変質

外的要因の衝撃・落下・摩擦など輸送にともなう外観損傷・変質などがある。変質防止には、包装材料の強化、形態・構造体の考慮、取り扱い上の注意などが大きい。高強度包装、壊れにくい構造体包装、外装に外圧がかからないコンテナー、衝撃吸収包装などが必要とされる。

輸送中に発生する障害要因と結果を図表4―9に示したが、これを保護するのが包装である。

これらの保護性を満足させるには、包装材料の単体では不十分な場合があり、そのときには積層化や複合化して欠点を補い、長所を増長する包装技法が採用される。

(4) 生物的変質

食品の生物的変質は、虫害・鼠害《そがい》と微生物による変質とがある。虫害・鼠害は小動物の鼠《ねずみ》・昆虫・ダニ類などにより生じる変質であり、量的にかなりの損失がある。これらは品質に大きな影響を与えるが、小動物は肉眼確認でき、対処もしやすい。一方、微生物による変質は、菌が水分・酸素（不必要もある）・栄養分・ペーハー（pH）・温度が適切であれば増殖し発酵や腐敗という現象で現れるもので、問題はバクテリアを肉眼確認できないことにある。

1) 微生物による変質

微生物はバクテリア（細菌）、酵母、カビを指す。微生物により食品が変質し、食べ

図表4－9　輸送中に発生する障害の原因と結果例

原因			結果	製品
激動	貨車	貨車の連結と追突、モーター不平衡、車輪偏芯、レール継ぎ目と局部沈下、レールの傾斜と波状磨耗、曲線出入	内装と外装の破損、変形、内容品のロス、内容品の腐敗、内容品の目減	卵、ガラス製品、精密機械、照明器具、電化製品、電子製品、食品、飲料、玩具
	自動車	道路継目、地道路、急停車、追突、斜道路		
	航空機	離着陸、エアーポケット		
	船舶	波、ブレーキ		
落下	積卸しや移動時の荷扱い不備、倉庫内や輸送中の荷崩れ		破損、変形	精密機械、照明器具、ガラス製品、家電品
振動	エンジン振動、車輪の構造、スピード		破損、変形、強度劣化、内容品ロス、目減	精密機械、照明器具、ガラス製品、食品
耐圧	積みつけ不備、積み重ね不備		破損、変形、歪曲、内容品の目減	食品、雑貨、家電品、ガラス製品
水・湿度	水ぬれ、降雨、水びたし、発汗		破損、変形、錆発生、内容品の腐敗	食品、雑貨、家電品、電子製品、精密機械
温度	温度変化（高温、低温）		変色、変質、変形、内容品の目減、腐敗	食品

られない現象を腐敗といい、食べられるよう故意に変質させたものを発酵という。しかし、腐敗菌は食品の品質を劣化させることを言い、食中毒は病原菌に起因している。

カビは、腐敗とはいささか異なりマイコトキシンなどの有害毒素によるものである。カビは腐敗と若干異なり、食品表面に有害なマイコトキシンなどの毒素を出すものもある。

腐敗防止には、食品のpHと水分活性（遊離水分＝Water ActivityでAWという）の調整、滅菌、殺菌、保存剤混入、低温流通、環境のクリーン化、環境ガス制御などの技法がある。

図表4―10に食品の水分活性と変質の相対速度を示したが、油脂の酸化速度は、単分子吸着近くで遅くなり、これより低水分でも高水分でも酸化が促進される。

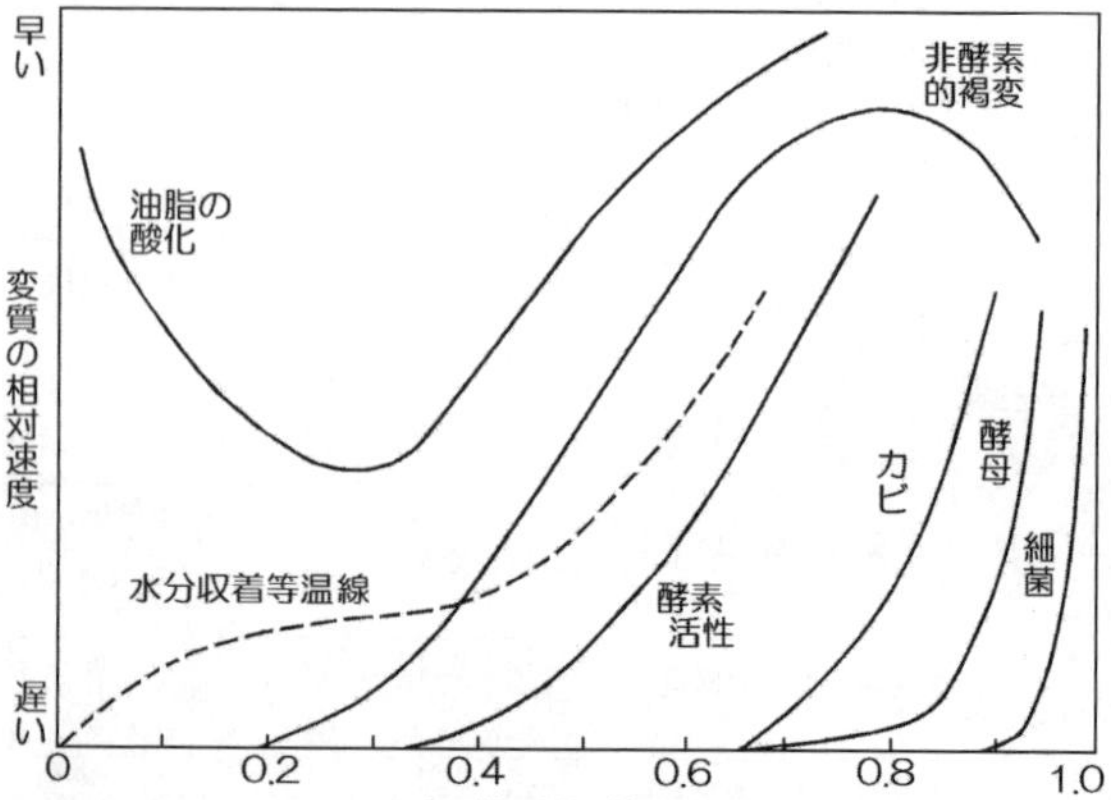

資料：石谷孝祐「食品の品質・風味保持と包装」（包装技術学校テキスト）日刊工業新聞社（2010）

図表4－10　食品の水分活性と変質の相対速度

非酵素的褐変は水分活性の増加とともに変質が早くなり、酸素活性は遊離水の増加とともに高まる。生鮮食品や多水分系食品は、微生物や酵素による変敗や鮮度低下がもっとも大きな変質要因となる。微生物は、水分活性が低下すると生育ができなくなり、これを「生育最低水分活性値」という。一般的には細菌では0・91、酵母では0・88、カビでは0・80であるが、例外もある。

① 食品のpHと水分活性（AW）の調整

図表4—11に食品の水分活性と各品質変化における品質保存技術を示した。

食品のpHを酸性域にすると微生物が増殖できない。増殖できるpHは、細菌がpH 3・5～9・5、カビ・酵母がpH2～11である。繁殖好適条件では、細菌はpH7、カビ・酵母がpH6でともに中性域に近い。

水分活性は、細菌が0・91以上、酵母は0・88以上、カビは0・80以上でなければ生育しない。食品の保存を高めるには酸性寄りにpHを調整して脱水し、水分活性を下げればよい。

一方、酸素については、酸素を好む好気性菌、酸素の有無にかかわらず繁殖する通性嫌気性菌、無酸素を好む嫌気性菌がある。

② 滅菌

滅菌（Sterilization）は人間に有害な菌を完全に死滅させる商業的無菌のことで、医療品包装ではγ線滅菌やガス滅菌などが相当する。食品包装では、レトルト滅菌（約120℃、30分）と超高温滅菌（UHT）があり、耐熱芽胞菌のボツリヌス菌を死滅することを目的としている。

③ 殺菌

殺菌（Pasteurization）は、目的の菌を殺すこと

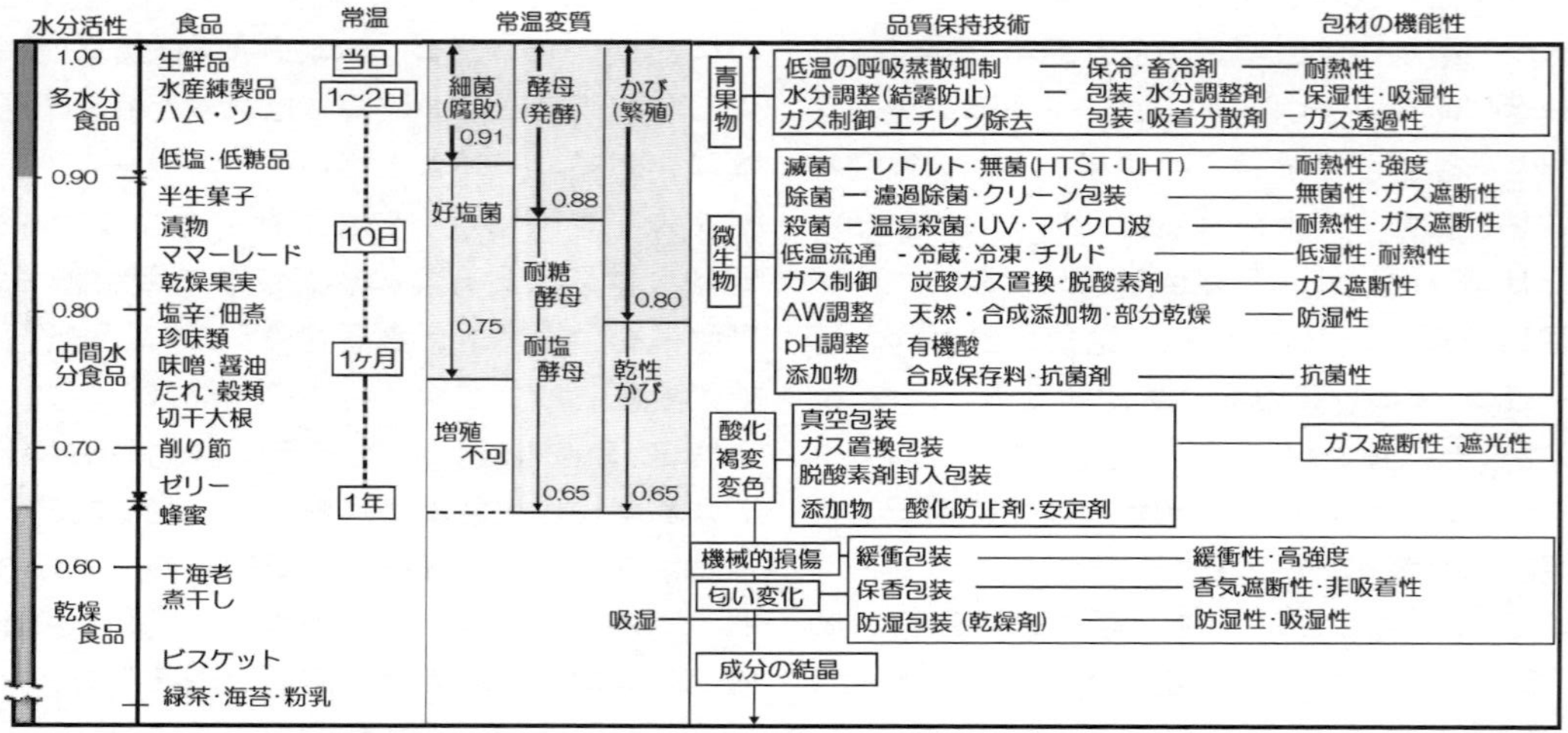

資料：石谷孝祐「食品の品質・風味保持と包装」（包装技術学校テキスト）日刊工業新聞社（2010）

図表４－11　食品の水分活性と品質保存技術

であって、すべての菌を殺すことではない。塩分・糖分・酢分・アルコールを含んだ食品、酸性食品、pH調整食品などは、通常ボイル（温湯）殺菌を行う。

照射殺菌では、マイクロ波殺菌、遠赤外線殺菌（熱線）、紫外線殺菌（UV）がある。

④ 低温流通

冷凍食品包装は、マイナス18℃以下の低温流通の食品で、すべての微生物が繁殖できない条件である。しかし、微生物は死滅したのでなく静菌状態であり、解凍時から菌が増殖する。そのため、冷凍処理時点の菌数（初発菌数）を少なくするための清浄な処理条件が要求され、解凍後は早く消費することが望まれる。

冷蔵（Cooling）は0～2℃の温度帯で、生鮮野菜、果実の貯蔵・流通用である。氷温冷蔵（Chilling）は2～マイナス2℃の温度帯で、畜肉、鳥肉、魚介類、卵、乳の貯蔵・流通用である。

⑤ クリーンルームにおける作業化

畜肉スライスハム、惣菜類、生パン粉、生切り餅など生に近い食品を製造し、包装するにはクリーンルームにおける作業が必要である。工程は低温状態で、初発菌数を少なく、人手作業を機械に替え、シェルフライフを少しでも延長させる包装となっている。バイオクリーンルームは、HEPA（除菌）フィルターを使用し清浄度を高めた部屋で、清浄度に応じてクラス分けされる。医薬品におけるGMP対応包装もバイオクリーンルームで作業を行う。

⑥ 環境ガス制御（Gas Control）

真空包装や脱酸素剤封入包装は、無酸素状態を作り、好気性の細菌・カビ・酵母などの繁殖を抑える効果がある。炭酸ガス置換包装は、真空包装と同じ効果があり、かつ炭酸ガスによる制菌効果がある。

2) 虫害、鼠害による変質

昆虫やダニ類などの付着は、食品に付着していること自体が問題である。食品害虫は種類も多く、発育条件も一定でないが、たとえば増殖能力が高い一対のココクゾウは、6カ月後に5億個以上になる。一般的に発育適温は25～30℃で、発育可能な最低温度は15～20℃である。

一般に多くの害虫は、低水分穀類・ナッツ類、乾燥した動植物食品に付着し食害を及ぼすことが多い。食品工場や倉庫の環境は害虫を呼びやすい条件のため、次のような方法で工場の内外を徹底的にきれいに掃除する以外、害虫防除に対し、よい方法はない。作業者への教育も大切である。

害虫から食品を守るには、発育不能温度(15℃以下)で保存する方法と、分子状酸素を排除する方法がある。前者は室内を低温にすることにより発育不能となる。後者は真空包装、窒素ガス置換包装、炭酸ガス置換包装など低酸素状態にし、さらに脱酸素剤と併用し効果を上げる。また、防虫包装や害虫が侵入できない高強度包装なども有効である。

ノコギリヒラタムシン、コクヌストモドキ、ココクゾウなどの害虫は鋭角な針をもっているので、通常の包装材料では破って入り込まれてしまう。しかし、表面の硬度が高い厚手ポリエチレンテレフタレートフィルム(PET)を使用すると、針が刺せないため侵入できない。PETはコストが高いことがネックとなる。

第5章
食品包装に必要なおもな包装機能と技法

1 湿気を防止する技法

(1) 水蒸気透過理論と防湿包装

水蒸気は分子1個1個がバラバラになっているが、雨粒は水分子が集まって水素結合によりクラスターの塊を作るため、水蒸気に比べて分子が大きくなる。したがって、耐水性と水蒸気遮断性とは基本的に異なる。

フィルム内を水蒸気が透過するメカニズムは次のようになる（図表5―1）。

1）湿度の高い空気中の湿気がフィルムに吸着され、水分子としてフィルム内に溶け込む。

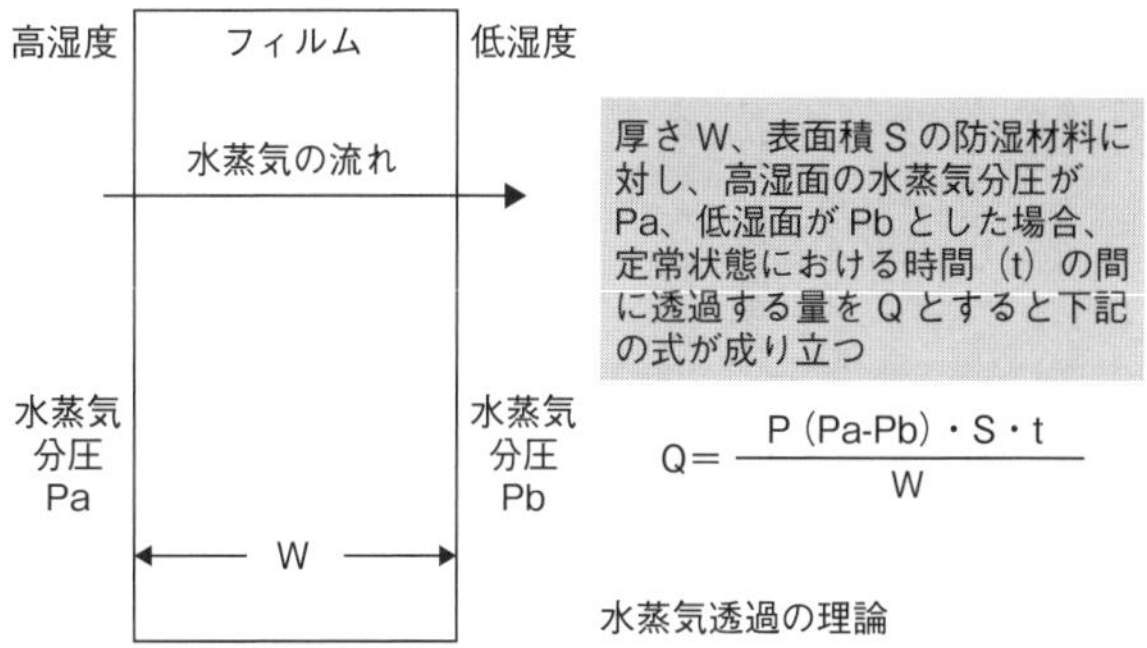

高湿度

低湿度
水蒸気の流れ
厚さW、表面積Sの防湿材料に対し、高湿面の水蒸気分圧がPa、低湿面がPbとした場合、定常状態における時間（t）の間に透過する量をQとすると下記の式が成り立つ

資料：近藤浩司「最新機能包装実用事典」フジテクノシステム（1994）

分圧
Pa

分圧
Pb
$Q=\frac{P(Pa-Pb)\cdot S\cdot t}{W}$
W

図表5－1　水蒸気透過の理論

2) 水分子は、拡散しながらフィルム内を通過して反対側の表面に到達し、蒸散する。

したがって、包装された袋の場合は、袋内が低湿度ならば外界から湿気が進入し、反対に袋内が高湿度ならば外界に湿気が蒸散し、平衡状態になる。この水蒸気が透過する度合いは、それぞれのフィルムのもつ固有の特性により決まり、必要とされる特性を考慮して適切なフィルムを選択することになる。

乾燥食品は、大気中の湿気（水蒸気）を吸着しやすい状態であり、物理的な現象として浸透圧の差により吸湿する。吸湿すると硬化、固結（ケーキング）、潮解、変色、細菌の増殖などが起こり、食品がもつ味覚、食感（テクスチャー）が変わる。

先述したようにビスケットは水分が5%を超えると食感が変わり、粉末の果汁やスープは、水分が4%を超えると固化や潮解が起きる。これを防ぐためには、吸湿しない包装材料（PE、PPなど）を使用して防湿包装を行う。ガラスや金属缶は完全な防湿であるが、プラスチックは多少なりとも湿気を通す危険性がある。よって、これを補完するために乾燥剤を使用し、おいしさや安全性を確保する。

(2) さまざまな乾燥剤

防湿包装された乾燥食品の品質を安定・維持させるために乾燥剤を入れるが、乾燥剤には次のような吸湿機能がある。

- 包装材を透過した水蒸気の吸湿
- 包装内の空気中の水蒸気や台紙の水分の吸水・吸着

・食品中の遊離水分の吸水・吸湿

食品包装に使用される乾燥剤は、無毒・無害で、化学的に不活性であり、発熱やガスの発生もなく、取り扱いやすいことがもっとも重要な条件である。

次に、吸湿力、吸湿速度、吸水容量が大きなことと、消費財のため価格も重要である。また、吸湿低下の判断ができ、乾燥力が復元できることが必要となる。

現在、食品用乾燥剤は多くの種類があり、図表5―2のようにシリカゲル、生石灰、塩化カルシウム系、シリカアルミナゲルの4種類が大半を占めている。これら乾燥剤を入れる小袋は、簡単に破壊しないように強靭なフィルムで密閉する。吸湿速度の調整は、小袋に開けた細孔の数と大きさで行う。

乾燥食品には、図表5―3のように高吸湿性食品、中間吸湿性食品、遅効吸湿性食品などがあり、それぞれの乾燥食品に適した乾燥剤を選定して使用するが、シリカゲルと生石灰が多く使用されている。

2 酸化を防止する技法

(1) 気体のフィルム透過のメカニズム

空気中に約21%含まれる酸素が、食用油脂の酸化、非酵素的褐変、色素の分解、風味の劣化、栄養成分の破壊・変化を起こし、さらに微生物の酵素を活性化させるなど微生物の生育を促す。酸素などの気体がプラスチックフィルムを透過するメカニズムは、以下の通りである（図表5―4）。

図表５－２　乾燥剤の種類と特性

乾燥剤	乾燥剤としての特性
シリカゲル	・無色透明のガラス球状乾燥剤。 ・大きい表面積をもち、物理的吸着現象により水分を吸収する。 ・JIS-Z-0701に定められ、孔数が多く広い表面積をもち低温域で容量の大きなA型と、大きな容積をもち高湿度域で吸湿率が高いB型がある。 ・安全性が高く、吸湿しても外観に変化は起こらず、吸水速度、吸湿力も優れる。
生石灰（CaO） （酸化カルシウム）	・石灰石（CaO_3）を約1200℃で焼成した白色か灰色の小片の化学的乾燥剤。通常は石灰石100 gが水和反応により32 gの水を吸収し、結晶構造が変わり体積が約3倍に膨張し水酸化カルシウムの粉末になる。 ・生石灰の吸収速度は、高湿度で比較的早く、低湿度では遅く反応する自己調節型で、低湿度で吸湿容量が大きい。 ・シリカゲルに比べ安価なので、工程間移動や一時保存に多く用いられ、シリカゲルとともに多く使用される。 ・ただし、急激な吸収により発熱し、強アルカリ水溶液となるため飲み込んでやけどしたり、目に入り失明した子供の事故例もある。 ・火事にも注意。
シリカアルミナゲル	・吸着し吸水する乾燥剤で、発熱がほとんどなく、潮解性もなく、吸水するとドロドロになるが溶解性はない。 ・シリカゲルに比し高湿域では吸湿率が低いが、低湿域では高く、性能的には劣るが、安全な物理的乾燥剤。次のような種類がある。①モンモリロナイト；水和粘土を造粒し、自由水を除去した物理的乾燥剤。A型シリカゲルに似た吸湿性能をもち30% RH以下では吸収容量が多い。天然産出のため安価で、欧米で多量に使用され、米国FDAのGRAS物質（安全物質）にも公認。②アロフェン；酸処理をした包水性の高い非晶性多孔質構造の物理的乾燥剤で、錠剤成型用に使用。③合成ゼオライト；ナトリウムやカルシウムの含水アルミであるが、加熱や減圧により結晶水がより脱水する。相対湿度に無関係に吸湿して20% RHで一定で、吸湿速度は速い。④天然鉱物ゼオライト；合成品と同じ構造で、純度、結晶性が劣り、吸湿性は劣る。
塩化カルシウム系	・吸湿して液状となる潮解性塩類で、急激な吸収によって発熱し、高温放置するとドロドロになるため、そのままでは使用できず、軽石、天然ゼオライトなどの多孔質の耐熱性無機質に含浸した加工品。 ・吸湿力は生石灰と同程度で、20℃、65% RHにおける吸水速度と吸水容量はシリカゲルと同程度。中湿度域以上の吸収容積は大きく、結露防止や調湿効果の目的に使用。
シート状乾燥剤	・塩化カルシウム乾燥剤を潮解のないシート状態にし、厚みと面積により吸水能を設計し、台紙、クッション、間仕切りに利用。 ・割高で、大きな表面積のため管理が難しく、能力低下が大きな欠点。

図表5－3　吸湿性食品の特性と乾燥剤

吸湿度合い	食品群	特性	適性乾燥剤
高吸湿性食品群	インスタントコーヒー、粉末ジュース、凍結乾燥食品（乾燥野菜、乾燥肉、乾燥果実、卵類など）	＊少量の水分でも影響を受け、すぐに変質するので高度な防湿包装が必要。	シリカゲルが最適（乾燥力の強い）
中間吸湿性食品群	せんべい、あられ、のり類	＊袋内湿度を20％ＲＨ以下に保てば吸湿で品質の変化がない。	シリカゲルと生石灰の使い分け
遅効吸湿性食品群	ビスケット、クッキー、乾めんなど	＊湿度を40～50％ＲＨ以下に保てば吸湿で品質の変化がない。	生石灰（遅効性）（シリカゲルは食品中の水分が移行）

①気体がフィルムの表面全体に収着し凝縮する。
②フィルムの反対側が減圧や無酸素の状態の場合、フィルム内部と外部に濃度差ができ、フィルム内部へと収着して溶解を始める。
③気体はこの濃度勾配をテコにして内部に拡散を始め、フィルム内を透過する。
④フィルムの反対側の面に収着して、そこから脱着して蒸発することで透過する。

気体や水蒸気の分子の大きさは0・3～0・5 nm程度なので、本来、細かい孔がなければ気体類は透過できないはずだが、実質的に孔のない非多孔膜であるプラスチックでも孔が形成される。それは、ポリマー（重合体）の熱運動により、直径1 nm以下の孔が形成されるためで、その数は40℃で

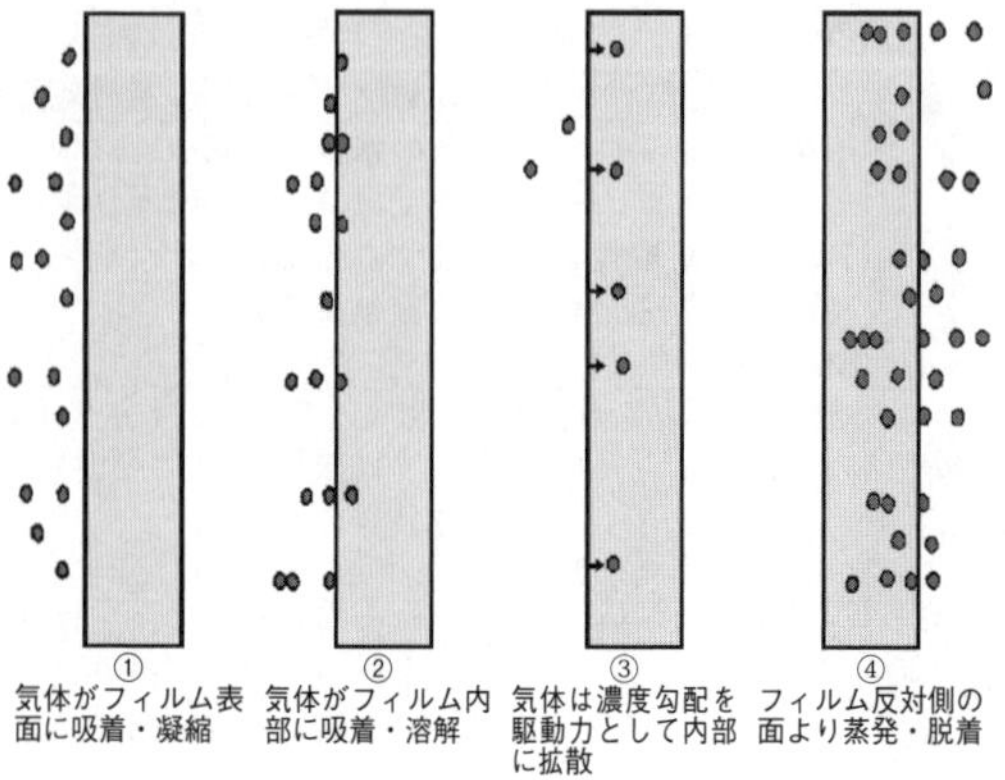
①
気体がフィルム表面に吸着・凝縮
②
気体がフィルム内部に吸着・溶解
③
気体は濃度勾配を駆動力として内部に拡散
④
フィルム反対側の面より蒸発・脱着

資料：近藤浩司「最新機能包装実用事典」フジテクノシステム（1994）

図表５－４　気体透過のメカニズム

１cm^3のポリエチレン（ＰＥ）の中に４×10^{21}個も存在するといわれる。したがって、気体類は熱運動により比較的容易にプラスチックフィルムの中を透過する。

このガス透過の度合いはさまざまであるが、必要に応じて適切なものを選択する。通常、酸素ガスを遮断するフィルム（バリアフィルム）には、アルミ（ＡＬ）箔、アルミ蒸着（ＡＬＶＭ）、透明蒸着（シリカ、アルミナ）、ナイロン（Ｎｙ）、エチレンビニルアルコール共重合体（ＥＶＯＨ）などがよく使用される。その他としては、すでに述べた塗工品（図表3―50）も加えられる。

(2) 酸素を遮断する技法

微生物の細菌には、酸素濃度が80％以上で活性化する「好気性菌」と、60％以下でも生育できる

「通気性嫌気性菌」、20%以下になっても生育可能な「嫌気性菌」がある。これらのうち、食品の腐敗菌は好気性菌が多いため、酸素を少なくすれば生育が阻止され腐敗が抑えられる。

また、カビや害虫も酸素を好むため、酸素濃度を低くすることが重要である。このために、図表5—5のような脱気包装、真空包装技法、ガス置換包装、脱酸素剤封入包装、鮮度保持剤封入包装などの技法がある。

① 真空包装

食品を袋に詰め仮ヒートシールを行った後に、真空チャンバーに入れて0・6~1・33kPaまで袋内を減圧してから密封シールする包装形態である。小ロットでは、1トレーに2~3袋を入れ、これをチャンバー中で真空包装をし、中ロットでは2~4トレーを用いて充填、減圧、真空保持、排出などの作業工程を分けて行うが、チャンバー内で減圧をするので、絶対時間がかかる。大ロットになると、減圧効率のよい小さなチャンバーに1袋ずつ入れ、回転することにより工程を分けることで高速にしている。

ガス置換包装や脱酸素剤封入包装と比較した真空包装の特徴を図表5—6に示した。真空包装した製品は、酸素濃度が0・1%以下で完全に酸化が抑えられ、好気性細菌の繁殖を抑えることができる。ただし、無酸素状態にすると、ボツリヌス菌のような致死率の高い毒素を生成する偏性嫌気性菌が増殖するため、十分な注意を要する。

製品形態は、商品が密着し開封し難いため、用途は業務用が多く、精肉や魚介類、お茶などに利用されている。

真空包装に使用するプラスチック袋類は、減圧

図表５－５　酸素などのガス遮断技法

包装技法	方式	具体的な方法	容器包装	おもな用途
脱気包装	ヘッドスペース減少	内容物充填後バイブレーターをかけ、内容物を沈下させ、袋上部の酸素を少なくしつつ封緘し脱気する方法	プラ袋など	粉、レトルト食品
	ホット充填脱気方式	ホット充填による内容物からの熱気状態で封緘し、常温で凝縮して脱気状態にする方法	缶、びんなど	果汁飲料
真空包装	チャンバー方式	真空包装機により真空減圧してから密封する方法	プラ袋など	一般的で肉、お茶など
	蒸気吹き付け方式	生蒸気をヘッドスペースに吹き付けて酸素を追い出し、蒸気充満状態で封緘し、常温では凝縮して真空状態にする方法	缶	魚などの缶詰
	ノズル方式	大袋にノズルを入れて真空減圧してから密封する方法	プラ袋など	茶の大袋
不活性ガス置換	チャンバー方式	真空包装機により完全に真空脱気してから不活性ガス（窒素、二酸化炭素など）を注入し密封して酸素を遮断する方法	プラ袋など	一般的で油脂入り菓子など
	ガスフラッシュ方式	包装機械上で酸素を追い出しながら、不活性ガス（窒素、二酸化炭素など）を吹き付けて酸素を遮断する方法で、操作により若干酸素が残る	プラ袋など	削り節、ナッツ類、ココア
		不活性ガス（窒素）を吹き付けて酸素を追い出しつつ封緘する方法	缶、びんなど	飲料、缶詰
	ノズル方式	大袋にノズルを入れて減圧し、その後不活性ガス（窒素など）を吹き付けて酸素と置換する方法	プラ袋など	茶、香辛料の大袋
脱酸素剤封入	プラスチック袋など	還元鉄を用いて酸素を吸収する薬剤を封入して、内容物の内添酸素まで吸収する方法	プラ袋など	菓子類、味噌
鮮度保持剤封入	プラスチック袋など	アスコルビン酸を主体とした薬剤で、酸素を吸収し、二酸化炭素を発生させる薬剤の鮮度保持剤を用いた方法	プラ袋など	カステラなど壊れやすいもの

図表5－6　真空包装とガス置換包装の比較

	真空包装	不活性ガス置換包装（窒素、CO_2）		脱酸素剤封入包装
		チャンバー	ガスフラッシュ	
原理	減圧し空気排除	不活性ガス置換	不活性ガス置換	酸素を吸収除去
流通対象原理	冷凍、冷蔵、常温	冷蔵、常温	常温	常温
残留酸素濃度	0.1％以下	0.1％	0.2～5％	0.1％以下
酸素量の経時	増加の可能性あり	やや増加	やや増加	低酸素濃度保持
微生物の制御効果	好気性菌抑制嫌気性菌の繁殖注意	好気性菌抑制能 CO_2：制菌効果あり	好気性菌抑制 CO_2：制菌効果あり	好気性菌抑制能 嫌気性菌は繁殖注意
酸素進入防止	経時でやや悪化	有効	有効	きわめて有効
設備投資	大きい	最も大きい	大きい	大きい
生産費用	小さい	やや大きい	やや大きい	小さい
外観	密着し開封しにくい	変化なく、開封容易	変化なく、開封容易	20％酸素容積減少
包装不適品	柔軟な多孔質食品	空気の内蔵品	液体製品	柔軟な多孔質商品
備考	難開封生で業務用が多い	置換した効果は高い	排除法により置換差あり	食品中の酸素まで除去

時にピンホールが発生しやすいことから、柔らかい厚めのガスバリア性フィルムが採用されている。フィルム選定には、酸素による変質度合い、要求品質、価格などにより決まるが、ナイロンやPETを基材として、ポリエチレン（最低でも50μm は必要）との積層フィルムが多く使用される。

② ガス置換包装

食品を袋に詰め、袋内の酸素を抜き、窒素や炭酸ガスなどの不活性ガスを置換する包装形態である。具体的にはノズルを入れてガス置換するノズル方式、真空チャンバー中で脱気した後にガス置換するチャンバー方式、不活性ガスを吹き付けながら酸素を追い出してガス置換するガスフラッシュ方式がある。ガス充填用不活性ガスは、窒素ガス（N_2）、炭酸ガス（CO_2）が多く使用される。

窒素ガスは、空気中に78％を占める無味・無臭・無色・無害・無毒の不活性ガスであり、空気中の酸素除去を目的として削り節、のり、緑茶、コーヒー、菓子（油・豆）、食用油・油揚げ、粉乳などの酸化防止・風味保持に使用されるが、静菌作用はない。

炭酸ガスは、水と油に溶解する。水溶液中では炭酸として微酸性を呈し、酢酸臭がある。制菌・防虫作用があり好気性細菌やカビ、害虫の発生を抑制する。袋内炭素ガス濃度30％で静菌効果、50％以上ではほとんどのカビを防止できる。炭酸ガス置換食品としては、ハム・ソーセージ、和・洋生菓子、パン粉、チーズなどがあげられる。

混合ガスでは、多くは窒素ガスと炭酸ガスの混合が用いられる。炭酸ガスは窒素に比べプラスチックを透過しやすく、１００％の炭酸ガス置換では、袋外にガスが逸散して袋内が真空状態になるため、透過しにくい窒素ガスと炭酸ガスを混合して減圧を防止する。また、肉類の赤色発色と保存性を高めるために「酸素＋炭酸ガス」の混合ガスが用いられるが、鮮魚・生肉中のミオグロビン色素を含んだたん白質と酸素が、不活性状態で結合するとオキシミオグロビンとなり、きれいな赤味を発色するためである。

代表的な真空包装用とガス置換用フィルムの選択には、図表５―７のようなＥＶＯＨ系、アルミ複合品、蒸着品などのハイバリアフィルムが使用される。

(3) 鮮度保持剤の封入

鮮度保持包装は、食品の鮮度や腐敗を軽減させる機能をもたせた包装のことで、通常は鮮度保持剤を封入した小袋を一緒に包装する。鮮度保持剤

図表５－７　代表的な真空包装用とガス置換用フィルム

フイルム	真空包装用	ガス置換用	用途例
KOP／CPP	×～△	△～○	スナック菓子
KPET／LLDPE	△～○	△～○	菓子、漬物
KON／LLDPE	○～◎	△～○	コーヒー豆
PET／EVOH／LLDPE	◎	◎	味噌、ハム
OPP／EVOH／PE	△～○	◎	削り節、味噌
PET／AL／LLDPE	◎	◎	お茶、コーヒー
透明蒸着PET／LLDPE & CPP	◎	◎	菓子、レトルト食品
ON／AL蒸着PET／LLDPE	○～◎	○～◎	米
PET／AL蒸着PET／LLDPE	○～◎	○～◎	コーヒー

注　：◎；優秀、○；良好、△；条件によって使用可、×；不可、OP；延伸ポリプロピレン、CPP；無延伸ポリプロピレン、K；塩化ビニリデン塗工品、PET；ポリエチレンテレフタレート、EVOH；エチレンビニルアルコール共重合体、LLDPE；リニア低密度ポリエチレン、ON；延伸ナイロン

には、前出の乾燥剤のほかに図表5―8のような脱酸素剤、アルコール製剤、熟成ガス吸収剤などがある。

脱酸素剤は、包装容器内部の酸素ガスを連続的に吸収する製剤で、鉄系と有機系とがあるが衛生的には問題はない。鉄系は、還元鉄の無機質が主成分で、活性炭やゼオライト系が含まれる。種類としては、低水分系食品用に空気に触れて反応する自力反応型と、多水分系食品用に水分を吸収し反応する水分依存型があるが、金属検知器による異

図表5－8　さまざまな鮮度保持剤封入包装

	タイプ	機能	食品群
●脱酸素剤			
鉄系	水分依存型（高湿度の空気に触れてから酸素を吸収）		
鉄系	高水分食品用	耐水性	味噌、生パン粉、切り餅、生めん、生わかめ、甘納豆など
鉄系	高水分食品用（耐油）	耐水性・耐油性	一夜干し、珍味、焼き生菓子、肉加工品、佃煮など
鉄系	電子レンジ対応用	電子レンジ対応	米飯類、焼いも、電子レンジ解凍用など
鉄系	自力反応型（空気に触れると酸素を吸収）		
鉄系	一般用（低水分用）	香り保持、乾燥剤併用可	茶類、ナッツ類、煎餅、調味・香辛料、海苔、医薬品など
鉄系	一般用（中～高水分用）	耐油性	ドーナツ、ケーキ、焼き菓子、サラミ、米菓、米穀、煮干
鉄系	速攻用（低～中水分用）	耐水性・耐油性	和菓子、カステラ、マドレーヌ、削り節など
鉄系	冷凍・冷蔵用	冷凍・冷蔵用、耐油性	冷凍・冷蔵品、鮮魚の加工品、魚卵など
有機系	鮮度保持複合機能型（脱酸素効果と炭酸ガス発生など）		
有機系	酸素吸収と炭酸ガス発生用	耐油性、CO_2 発生	ナッツ類、干魚、干肉など
有機系	有機系（CO_2 発生なし）	CO_2 発生なし、耐油性	ハム、ソーセージ、肉加工品など
有機系	酸素と炭酸ガスを吸収	CO_2 吸収	コーヒー
●熟成ガス吸収型（炭素など塗工）		エチレンガス吸収	青果物（段ボール）
●アルコール製剤		エチルアルコール発生	半生菓子、洋菓子（カビ抑制に効果）

物検出ができない。

有機系は、アスコルビン酸（ビタミンC）の酸化防止効果を利用した有機系脱酸素に不活性ガス（CO_2）発生剤を加えた製剤である。脱酸素による20%の容積減をCO_2で補完できる。軟弱な多孔質食品にも利用できるうえ、腐敗菌の制菌作用も付与できる。さらに、電子レンジに適応し、金属検知器も利用できる。脱酸素剤は、適切な設計（容積に対する製剤量）を行えば無酸素状態（0.1%以下）になり、袋内の酸素だけでなく食品内部の酸素まで吸収する。20〜40℃で効果が最高となるため、封入後ただちに冷蔵すると脱酸素速度が低下するので、注意が必要である。

脱酸素剤は、油脂食品やナッツ、ビタミンなどの酸化防止に加え、変退色、風味変化を防止する効果があり、真空包装やガス置換包装に比べ、脱酸素効果が優れ、さらに変退色防止、カビ抑制、虫害防止などの効果がある。使用上は、発熱の心配、封入位置と作業短縮、容積減に留意することを要す。

脱酸素剤用の包装材料は、KOP、KON、KPETなどの酸素遮断複合袋が一般的で、EVOH、蒸着品、アルミ箔などのハイバリア袋も使用される。

鮮度保持剤には、半生菓子などのカビ防止のためにエチルアルコールを含んだ粉末のアルコール製剤保持剤がある。また、果実が熟すとエチレンを放出するため、それを選択的に吸収する熟成ガス吸収剤がある。呼吸量の大きな青果物は、アスパラガス、ブロッコリー、マッシュルーム、ほうれん草、スイートコーンなどがあり、エチレン生成量の比較的多い青果物は、りんご、スモモ、アボカド、メロン、キウイ、パパイヤ、ネクタリン、桃、洋梨などがあり、比較的高級な果実に使用される。

3 水分を調整する技法

吸水性高分子は、衛生用品（おむつ、生理用品）、化粧品（パック剤）、医療材料（人体埋め込みなど）、芳香剤、蓄冷剤、ケミカルカイロ、人工雪、農園芸用・土木・建築用などに使用され、食品などの包装用にも用途開発が進んでいる。

吸水性樹脂には、でん粉とポリアクリル酸からなるもの、メタクリル酸メチルと酢酸ビニルの共重合体、ポリアクリル酸ナトリウムの架橋重合体などの種類がある。いずれも、側鎖に親水基をもつ高分子鎖を架橋した立体網目構造で、図表5－9のように水を加えると親水基に水分子が配位す

図表5－9　吸収性高分子と給水のしくみ

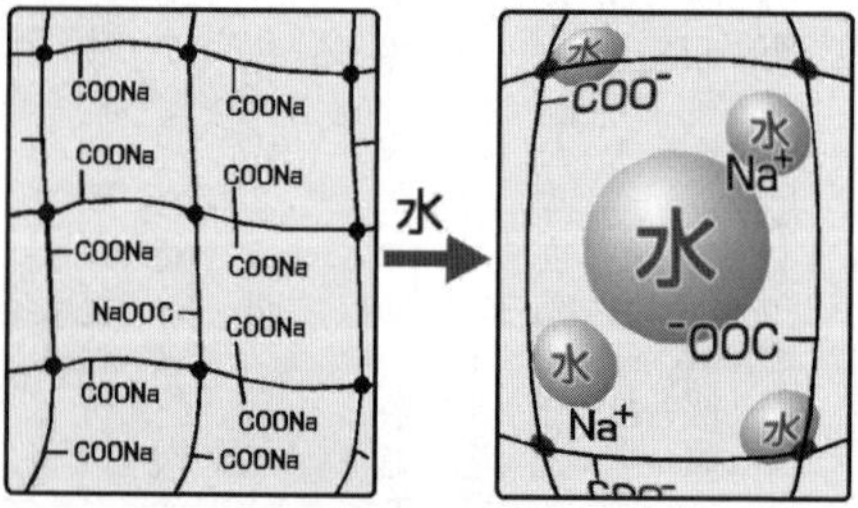

資料：（独）科学技術振興機構ＨＰ（2010）

図表5－10　水分調整シートの構成

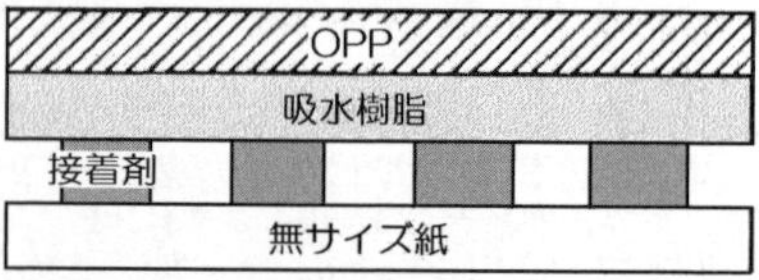

資料：凸版印刷㈱資料・カタログ

図表5－11　水分調整シートのおもな用途

用途	目的	使用例
電子レンジ用	冷凍食品を電子レンジで解凍するとドリップが出て食味が損われるが、余分な水分を吸収するとおいしさを維持できる。	冷食（ハンバーガー、ホットドック）、焼きおにぎり
テイクアウト用	できたての食品をテイクアウトする場合に、結露水が食味を劣化させる。そのためシートで吸水する。	チキンフライ
宅配用ピザ	30分以内にクリスピーなピザを宅配するために、結露水を吸水する。	ピザ
鮮度保持用	あらかじめ水分を吸着させておいて蒸散することで、適度な水分を与える。	生花、青果物
保存・流通用におけるドリップ吸収	流通において肉、魚のドリップを吸収する。	鮮魚の敷紙
えのき茸生育シート	吸水したシートを巻きつけ適度の水分を保持させて生育させ、高品質なえのき茸にする。	えのき茸

るため、自重の500～1000倍の大量の水を吸収しゲルを形成する。

吸水メカニズムは、高分子電解質の電荷がもつ吸引力で、吸水性高分子の外側より内側で可動イオン濃度が高くなる浸透圧を利用していて、高分子網目構造を決定する架橋に基づくゴム弾力性によるもので、この力関係が吸収能力を支配する。吸収する対象のイオン濃度が高いほど給水能力が減少するため血液、尿、海水は純水に比し著しく能力が減少する。

吸水性高分子を使用した吸水と保水が可能な水分調整シートの構造を図表5－10に示し、そのおもな用途を図表5－11に示した。たとえば、30分以内に配送するピザでは、クリスピーな食感を維持するために、薄型段ボールと吸水性高分子を積層したクリスピーカートンが採用されている。えのき茸は、育苗びんにワックス紙で捲いて生育させると不揃いになるが、吸水させた水分調整シートを捲くと、適度な保水によってきれいに揃ったえのき茸が生産できる。また、食堂車で提供されるご飯では、おひつのふたの内部に水分調整シートを利用している。これにより結露水を継続的に吸収し、炊きあがりのようなおいしさを保持することができる。

4 微生物制御による技法

(1) 微生物の制御方法

微生物はそれぞれ、条件や住む場所により特定できるので、食品となる原材料の産出される場所によって存在する菌種が特定できる。そのため、なるべく原材料の産出・輸送・保管においては、ほかの原材料と混ざらないような衛生管理が求められる。また、食品加工工場においても原材料の交差がないよう微生物を抑制・死滅などの処理を行うことにより、安全性が高まり、かつ経済的にも有利になる。

微生物制御としては、図表5―12のような手段がある。微生物を制御するには、食品自体の水分活性の調整やpHの調整を行う方法と、温度の制御や酸素制御などを行う必要がある。

① 水分活性の調整

食品の水分活性（AW）を0・9以下にすると、多くの細菌は増殖できなくなる。AWを下げるには、乾燥や濃縮のような水分量を減らす方法と、塩蔵や砂糖漬けのような食品に溶質させる方法がある。食品自体の水分量を少しでも減らすことにより、微生物の生菌数を少なくできる。

図表5－12　微生物を制御する手段

手段	解説	おもな制御方法
増殖抑制	微生物の増殖速度を遅らせる。	乾燥、塩蔵、pH調整剤、低温、酸味料
静菌	増殖できない状態で生菌数を変化させない。増殖速度が0の状態。	冷凍、ガス置換
除菌	対象物中の微生物を除外すること。	ろ過、洗浄
殺菌	生菌数を初期から少なくすること。または対象とする有害な菌を死滅させること。	加熱、紫外線、放射線、殺菌剤ほか
滅菌	人体に有害なすべての菌を死滅させること。	レトルト殺菌、放射線、殺菌剤
遮断	対象物中へ外部から微生物を侵入するのを防止すること。	包装、無菌室作業
無菌	滅菌や除菌により対象物中に生きた微生物が存在しないこと。	滅菌に同じ
消毒	感染防止のために病原菌を死滅させること。	消毒剤使用
抗菌	化学的作用による増殖制御、静菌、殺菌、滅菌の総称。	各種抗菌剤使用

② pHの調整

食品のpHを4・0以下にすると細菌は増殖できない。pH 5・0以上の食品は、pH調整剤を添加してpHを下げると、細菌の増殖を抑えられる。pH調整剤にはソルビン酸、クエン酸、乳酸、リンゴ酸、グルコン酸、酒石酸などの有機酸やそれらの塩が使われる。有機酸の添加は、pH調整だけではなく抗菌性の作用もある。

③ 温度の制御

温度を下げると微生物の増殖速度が遅くなり、0℃ではほとんど増殖できない。したがって、低温にすることで微生物の制御ができる。

④ 酸素制御

カビについてはほとんどが好気性菌だが、酵母は大部分が通性嫌気性菌、細菌は好気性菌が多く（通性）嫌気性菌もある。環境中の酸素が、カビや好気性細菌の増殖に影響を与えるため、無酸素状態にすることでこれらの増殖を抑制する。その抑制手法には脱酸素剤、真空包装、ガス置換などがある（2(2) 酸素を遮断する技法参照）。

(2) 低温による微生物制御

冷凍には冷凍庫中で長時間かけて凍結する緩慢凍結と、液体窒素を用いる急速冷凍とがあり、食品は一般にマイナス5～マイナス10℃の温度帯で含有水分の約80％が凍結する。

冷凍食品は、食品衛生法上はマイナス15℃以下、（一社）日本冷凍食品協会の自主基準はマイナス18℃以下と定められており、図表5－13のようにこれらの温度では酵素の一部を除いて微生物は作用しない。冷凍域では、好冷菌が緩慢な死滅か繁殖停止となるが、これは菌の繁殖が停止すると考

図表5－13　酵素と微生物の低温における挙動

温度（℃）	酵素	微生物			
		食中毒細菌	低温細菌	酵母	カビ
10	作用	活発に発育できる下限温度発育	活発に発育	作用	作用
3.3	作用	特別菌のみ徐々に発育できる下限温度	活発に発育	作用	作用
0	作用	しない	活発に発育	一部作用	作用
-10	一部作用	発育しない	特別菌のみ徐々に発育できる下限温度	一部作用	作用
-20	一部作用	発育しない	発育しない	作用なし	作用なし
-30以下	作用なし	発育しない	発育しない	作用なし	作用なし

資料：太田静行「半冷結法、水産物の鮮度保持」筑波書房（1990）

え処理する必要がある。すなわち、冷凍時の初発菌数がそのまま静菌状態で残り、解凍時に初発菌数から増殖を開始するので、初発菌数を少なくすることが必要となる。

図表５―14には食品の品温と時間との冷凍曲線を示したが、緩慢凍結の平らな部分は、凍結潜熱が放出されるため、温度低下が目立ないところで水の一部が凍ると、食品細胞内の溶解物濃度が高まり凍結点が下がる。最大氷結晶生成帯（０～マイナス５℃間）は、急速冷凍（Ａ）では約30分、緩慢冷凍（Ｂ）では約３５０分となり、このときの時間が長いと、氷の結晶が大きくなり食品の細胞組織が破壊される。急速冷凍食品用の包装は、液体窒素マイナス１９６℃の冷気が包装材料に直接当たると崩壊するので、直接当たらないよう、吹き付けには注意が必要とされる。

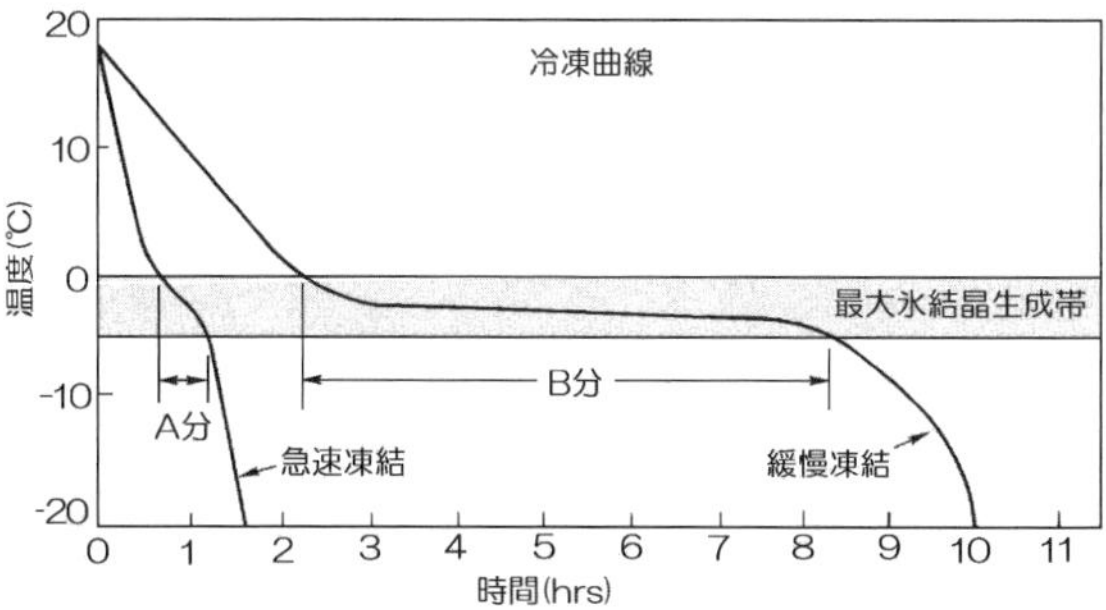

資料：太田静行「半冷結法、水産物の鮮度保持」筑波書房（1990）

図表５－14　食品の冷凍曲線

最大氷結晶生成帯には次の半凍結、氷温、チルドの3つがある。

・半凍結（パーシャルフリージング）は、氷蔵と冷凍の中間の「部分的凍結」状態で、マイナス3℃程度で貯蔵する方式である。

・氷温は、冷凍点より高くし物性変化を避けながら長期保存ができる温度（マイナス1℃）の凍結直前の状態で、食品は0℃より低い温度で凍り始める。

・チルドは、食品流通上は+5〜マイナス5℃の保存を指し、通常は0℃を指す。「冷凍チルド」として約1℃に設定している場合もある。

これら低温で保管・流通される包装には、冷凍食品、半凍結食品を含め、低温によるピンホール発生を避けるために、耐寒性の優れた柔らかいナイロン、PET、PEを主体に使用される。また、包装材料がクリーンなことはもちろん、包装作業時にもクリーンルームを使用して初発菌数を限りなく減らすことが必要とされる。

(3) 殺菌による微生物制御

① 熱殺菌と冷殺菌

食品包装の殺菌方法には、熱殺菌である加熱殺菌、通電殺菌と、冷殺菌である照射殺菌、超高圧殺菌、薬剤殺菌がある（図表5―15）。一般的には熱殺菌の加熱殺菌がもっとも多く使用されており、いずれも通常、包装された状態で殺菌を行う。

殺菌は、菌の対象や程度を含まない概念のため、10%の菌を殺して90%が生存していても殺菌したことになる。しかし、一般的には病原性や有害性を有する糸状菌、細菌、ウイルスなどの微生物を

図表5－15　微生物殺菌方法

殺菌方法		具体的な殺菌方法
熱殺菌	加熱殺菌	＊温湯殺菌　＊高温殺菌　＊超高温殺菌 ＊赤外線　＊電気抵抗など
	通電殺菌	＊通電による加熱効果と電界による電気穿孔の相乗効果
冷殺菌	照射殺菌	＊紫外線殺菌　＊パルス殺菌 ＊放射線殺菌（電子線殺菌、γ線殺菌） ＊X線など
	超高圧殺菌	＊超高圧による細菌組織破壊
	薬剤殺菌	＊抗菌性食品添加物（防カビ剤、殺菌料、抗菌性指定添加物）など ＊食品工場用殺菌剤（アルコール系殺菌剤、ハロゲン系殺菌剤、過酸化物殺菌剤、界面活性剤系殺菌剤、ビグアナイト殺菌剤、ガス殺菌剤）など

死滅させることをいい、そのため、加熱などにより細菌組織を破壊するか、生存不可能な環境で病原菌や食品の腐敗菌を排除する。

加熱には、図表5－16のように乾熱と湿熱とがあり、湿熱の方が殺菌効果は大きいため、湿熱殺菌で行うのが一般的である。

また、食品の酸度や水分活性により殺菌温度が異なるため、食品の加熱条件などにより使用する包装材料を使い分ける（図表5－17）。大まかには酸性食品は低温殺菌、中酸性食品は中温殺菌、低酸性食品は高温殺菌となり、それぞれの温度に合った耐熱性を考慮した包装材料が選択される。

② 通電殺菌

通電殺菌とは、食品に直接電界や電流を印加してクーロン力の物理作用、電気化学反応により抗菌物質の毒性などを死滅させる方法である。加熱

図表5－16　湿熱と乾熱における耐熱性

菌種			熱死滅条件（温度、D値）	
			湿熱	乾熱
細菌	サルモネラ菌	*Salmonella typhimurium*	57℃、1.2分	90℃、75分
		Sal.senftenberg 775W	57℃、31分	90℃、36分
	大腸菌	*Escherichia coli*	55℃、20分	75℃、40分（99%死滅時間）
	枯草菌（芽胞菌）	*Bucillus subtilis* 5230	120℃、0.08～0.48分	120℃、154～295分
		B. stearothemophilus	120℃、4～5.14分	120℃、15～19分
		Bucillus sp. ATCC27380	80℃、61分	125℃、139時間
	嫌気性菌	*Clostridium sporogenes* PA3679	120℃、0.18～1.4分	120℃、115～195分
真菌	黒カビ	*Aspergillus niger* 分生子	55℃、6分	100℃、100分
				120℃、2.2分
酵母	子嚢菌類	*Humicola fuscoatra* 厚膜胞子	80℃、108分	120℃、30分
		Byssochiamys fulva 子嚢胞子	90℃、5分	120℃、25分
		Han. anomala	50℃、28分	110℃、3.6分
		Sacch. cerevisiae	60℃、0.35分	135℃、0.89分

資料：芝崎　勲「新・食品殺菌工学」光琳（1998）に加筆

図表5－17　食品の加熱条件と包装材料

殺菌条件	対象となる食品	使用される包装材料例	
低温殺菌 (温殺菌) 60～85℃	・酸性食品（pH＜4.5、AW＞0.85） ＊フルーツ類、シロップ類、みつ豆、ピクルスなど ・発酵食品 ＊みそ、漬物、酒など	一般用	PET／PE、KNy／PEなど
		ガスバリア用	PET／EVOH／ PE、AL蒸着PET／ PE、セラミック蒸着PET／PEなど
		低温殺菌用	OPP／PE、KOPP／PEなど
中温殺菌 (ボイル殺菌) 85～100℃	・酸調整、水分調整の低酸性食品（pH＞4.6、AW≦0.85） ＊煮豆、佃煮、魚肉ハム・ソーセージ、蒲鉾などの練り製品、塩・糖含有調理食品など	一般用	PET／PE、Ny／PE、 KPET／PE、KNy／PE
		ガスバリア用	PET／EVOH／PE、 AL蒸着PET／PE、 セラミック蒸着PET／PEなど
		高温殺菌用	PET／CPP、Ny／CPP、 PET／Ny／CPPなど
高温殺菌 (レトルト殺菌) 100～120℃	・低酸性食品（pH＞4.5、AW＞0.85） ＊カレー、おでん、シューマイ、ミートソース、スープ類などの調理食品など	一般用	PET／CPP、Ny／CPP、 PET／Ny／CPPなど
		ガスバリア用	PET／AL／CPP、PET／AL／ Ny／CPP、セラミック蒸着PET

注　：PET；ポリエチレンテレフタレート、Ny；ナイロン、PE；ポリエチレン、OPP；延伸ポリプロピレン、CPP；無延伸ポリプロピレン、AL；アルミ箔、EVOH；エチレンビニルアルコール共重合

処理時間は0・1秒程度のために、食品の風味の損傷を少なく殺菌できる。

③ **紫外線殺菌**

紫外線殺菌は、UV—C域（254nm）を照射して殺菌する方法で、照射部分だけの殺菌になる。細菌は低線量でも殺菌効果が高いが、カビに対しては効果が劣る。

④ **放射線殺菌**

放射線殺菌（γ線）は、日本では馬鈴薯の発芽防止以外は認められていないが、世界的には10kGyまでなら認められる。現在、食品包装用材料の滅菌に用いられている。

⑤ **電子線殺菌**

電子線殺菌は、80〜300keVの低エネルギー域が使われる。食品内部までの殺菌は困難であるが、包装材料の表面殺菌には十分利用できる。

⑥ **その他**

このほか、超高圧殺菌、光パルス殺菌などがあるが一般的ではない。また、薬剤殺菌は、直接食品には使用できないが、食品製造装置や包装材料などの殺菌に使用されている。

(4) 滅菌による微生物制御

滅菌とは、食品に存在するすべての微生物を死滅させるか除去することをいい、食品包装ではレトルト滅菌と超高温滅菌が対象となる。

1) レトルト殺菌

レトルト殺菌は、人体に有害な微生物を死滅させることで、耐熱芽胞菌の殺菌が対象になる。次のような微生物耐熱性の表示方法がある。

① D値（Decimal reduction time）

ある加熱温度で微生物が90％死滅するのに要する加熱時間をD値という。通常、微生物は殺菌時間に対し対数的に死滅するため、図表5―18のように1分間の加熱で生菌数がN1からN2に減少すると、D値はD＝1/log（N1/N2）で表される。

② TDT（Thermal death time：加熱致死時間）

ある加熱温度で微生物をすべて死滅させるのに要する加熱時間のこと。同じ微生物でも初期菌数により加熱時間が異なるため、通常は初期菌数を10^6としている。図表5―18に示したのは、加熱温度に対しＴＤＴの対数値をプロットした曲線で、ＴＤＴ曲線という。

③ F値

Ｆ値とは１２１℃（２５０℉）のＴＤＴのことで、Ｚ値とはＤ値が10分の１あるいはＴＤＴが10倍に変化するときの温度変化をＺ値という。

わが国では、レトルト食品の殺菌条件は食品衛生法に「１２１℃、４分あるいはそれと同等以上の殺菌」と定められている。これは、Ｆ＝４以上の加熱に相当する。しかし、実際には安全を見込んでＦ＝10～20以上の加熱が行われている。この値は人体に有害とされるもっとも耐熱性のあるボツリヌス芽胞菌を滅菌する条件である。

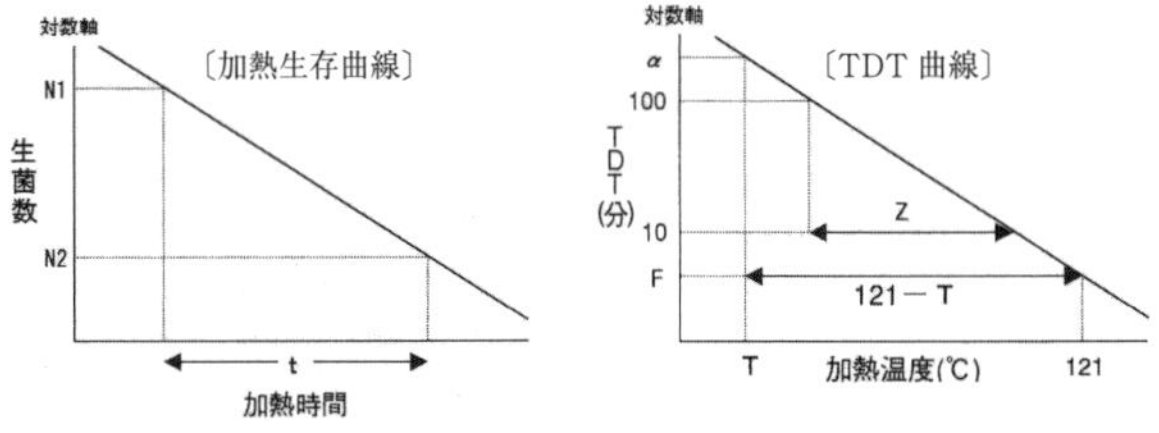

図表５－18　加熱生存曲線と TDT 曲線

ボツリヌス菌は、強力な神経毒を出す偏性嫌気性の芽胞形成桿菌で、致死率が30～50％を占め、缶詰などに発生する。この毒素は80℃、30分で毒性を失うが、芽胞状態では耐熱性が高まり、ボツリヌス菌の芽胞は図表5―19のような温度と時間でなければ死滅せず、レトルト食品の殺菌条件は1兆分の1以下に低下させる加熱条件に設定されている。

レトルト食品の殺菌は固液の場合が多く、場所により温度分布が異なる。すなわち、熱水や蒸気に触れる表面はすぐに殺菌温度に到達するが、中心部は熱伝導が遅れるため短時間では殺菌されない。実際には実包した食品の中心部が規定された温度に到達する時間を実測して、滅菌時間を定める必要がある。レトルト殺菌の加熱条件は、容器の大きさ、食品の熱伝導によって異なり、1人

図表5－19　ボツリヌス菌胞子の耐熱性

温度（℃）	最大生残時間（分）	最小致死時間（分）
100	330	360
105	100	120
110	33	36
115	10	12
120	4	5

資料：松田典彦、藤原忠「容器詰食品の加熱殺菌（理論と応用）」（社）日本缶詰協会

図表5－20　レトルトパウチの代表的構成

袋の構成	特徴・用途
PET ／ AL 箔／ CPP	アルミ箔を使用したもっとも一般的な構成。ガスバリア性と遮光性があるため長期間保存可能。
PET ／ ONy ／ AL 箔／ CPP	延伸ナイロン（ONy）は強靭なため、耐衝撃性を必要とする業務用大袋に使用。
ONy ／ CPP	透明レトルト袋ではもっとも一般的な構成。バリア性を要求されない用途で使用。
透明蒸着 PET ／ ONy ／ CPP	透明バリア性レトルト袋に一般的な構成。アルミナ（酸化アルミ）とシリカ（酸化ケイ素）がある。

前のカレー、シチューなどの固液混合食品では120℃、30分が標準になっている。図表5—20にはレトルトパウチの代表的構成を示した。

2) 無菌包装システム

無菌包装システムは、殺菌剤で殺菌した容器に、加熱殺菌された食品を無菌室中で充填・包装、容器内の微生物をゼロにすることで、常温下で長期間の保存・流通を可能にする包装で、アセプティック包装ともいう。無菌包装は、人体に有害な菌のなかでもっとも耐熱性のあるボツリヌス菌を死滅させ、無菌状態で充填・包装することで、缶詰と同じように長期保存ができる。おもに乳・乳飲料、コーヒー飲料、コーヒーミルク、茶飲料、果汁飲料、スープ類に用いられる。

通常の無菌包装は、図表5—21、図表5—22のように無殺菌の包装容器を包装機械内で過酸化水素、過酢酸などの薬剤を用いて殺菌し、あらかじめ殺菌された食品を無菌室で充填、熱封緘して製品を作る。この包装機械は、フィルムや容器を供給し薬剤殺菌をし、充填シールする一貫したインライン包装機械が多く、遠隔操作されている。

また、写真5—1のようなバック・イン・ボックス（BIB）の無菌包装は、あらかじめガンマ（γ）線で滅菌したプラスチック内袋を包装機械に挿入し、無菌状態で開口して充填・封緘する方法であるが、あまり多くはない。無菌包装は充填前に殺菌するので前殺菌法といわれ、レトルト殺菌は袋や缶に充填した後で殺菌するため後殺菌法といわれる。現在の上市製品を記す。

・紙容器（屋根形）……LL牛乳、乳飲料・コーヒー飲料など

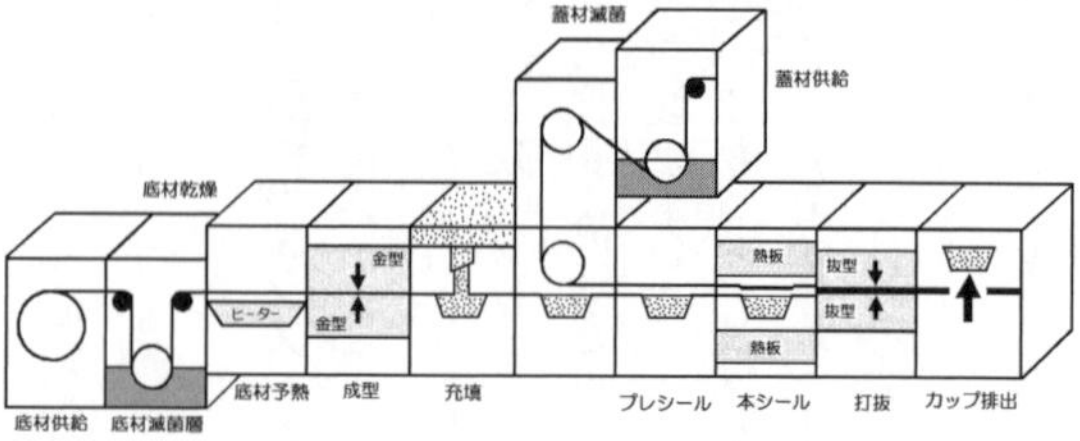

図表5－21
成型、充填、封緘のインライン無菌包装機の概念図

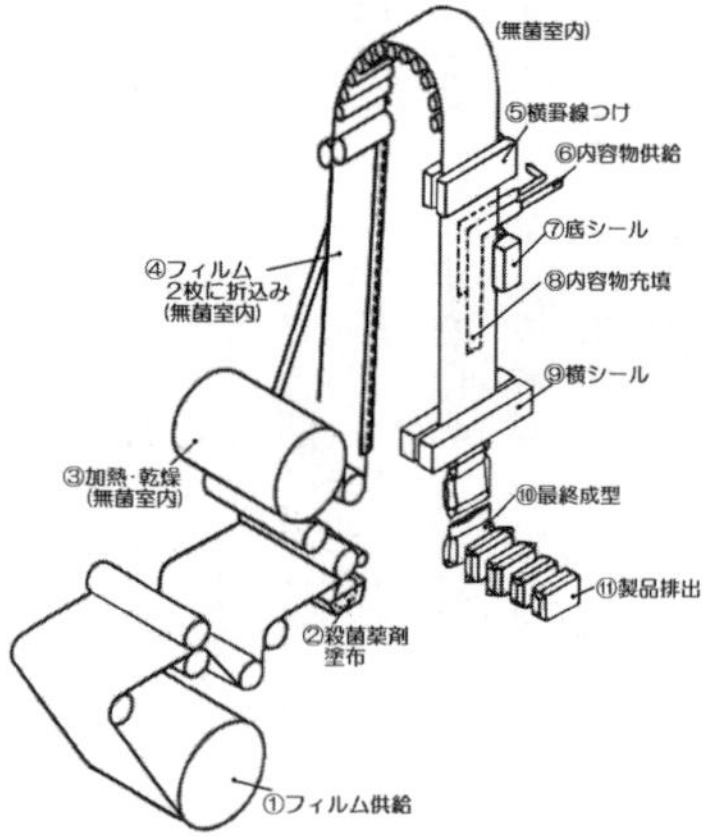

資料：四国化工機㈱

図表5－22　ブリック型容器無菌包装機

資料：凸版印刷㈱ 資料・カタログ

写真5－1　各種無菌包装

・紙容器（ブリック形）……LL牛乳・コーヒー飲料など
・プラスチック容器……成形・充填・封緘機で生産されたコーヒーミルクなど
・紙缶（円筒形）……乳飲料・コーヒー飲料・スープ類など
・カップ類……カップ供給式充填・包装機で生産されたデザートなど
・プラスチック袋類……乳製品・麺つゆなど
・BIB……業務用乳製品・スープなど
・延伸PETボトル……茶類・コーヒー飲料など
延伸PETボトルは高温で成型されるため、殺菌と同じ効果になり、そのまま無菌室へ入れて充填すると無菌包装になる。このボトルは茶類に使用されている。

これら無菌包装品は、常温で充填されるために減圧による変形がない。また、薄肉の延伸ボトルが使用できるため減量ができ、環境上もエネルギー的にも大変有利になっている。

(5) クリーン包装による微生物制御

クリーンルームは、NASAの実験室から始まった微生物の少ない空間である。クリーン包装とは、微生物の生菌数を抑制した食品などを、クリーンルームにより、必要なクリーン度（清浄度）をもった包材で包装し、包装内の微生物を限りなく少なくする包装方法である。

クリーン包装された食品は、「無菌」ではないが、初発菌数が少ないため増殖の抑制ができる。そのため、一般の食品包装に比べて保存可能期間を延ばすことができる。おもにスライスハムやチーズ、惣菜、生パン粉、切り餅、米飯などに用いられる。

クリーンルーム内における微生物清浄度の規格は100、1万、10万のクラスがある。10万クラスは3千m級の高山、1万クラスは大気圏のクリーン度に匹敵し、100は成層圏でも得られない清浄度となる。クラスを上げるには、高性能・超高性能フィルターを使用し、換気回数を高めるが、設備と稼働の費用がかかる。これらは微生物を死滅させる場所ではなく、あくまでも清浄室であるので、食品はよく洗浄し、初発菌数を少なくし、低温で作業する必要がある。

クリーンルームの方式には、図表5―23のような乱流方式（10万～10000）、水平層流方式（1000～100）、垂直層流方式（100以下）がある。微生物を対象に制御する部屋をバイオクリーンルーム（BCR）といい、塵埃を対象に制

図表5－23　クリーンルームの方式

方式	クラス	換気回数（回／時）	特徴
乱流式	1,000～10,000	30～60	もっともよく使用
水平層流式	100～1,000	50～150	障害物があると層流にならないため不採用
垂直層流式	100以下	400以上	半導体等電子部品製造に使用

図表5－24　バイオクリーンルームの衛生管理区分

区分	クラス	作業
高度清浄域	100～1,000	カット作業、殺菌後の放冷
清浄域	10,000～100,000	放冷・仕分け・包装
準清浄域	10,000	加熱・加工・熟成
汚染域	－	原材料保管・下処理・段ボールなどの梱包

御する部屋をホワイトクリーンルーム（ＷＣＲ）という。図表５―24にはＢＣＲの衛生管理の区分を示したが、この区分に沿って作業が行われる。

通常の食品工場は10万クラスで作業をするが、とくに清浄度を要求される場合にはクリーンブースを用い、部分的に垂直層流を作る。ＢＣＲでは、微生物の生菌数の動向を意識しつつ、加工工程別に清浄度を区分して衛生管理をすることになる。

たとえば、生切り餅に使用されるクリーン包装では、図表５―25のように蒸し・餅つき・冷却固化・切断・ガス遮断包装の工程になっていて、10万クラスのＢＣＲで行われる。なかでも微生物発生の危険がある餅つき・冷却固化・切断などの工程では、１０００クラス以下のクリーンブースを使用する。この表は、某餅メーカーでＢＣＲの設備を導入する前と導入５日後の試運転段階のデータで

図表5－25　包装餅の製造工程での空中浮遊菌の状態

工程	一般細菌（個／ℓ）	カビ・酵母（個／ℓ）	一般細菌（個／50ℓ）	カビ（個／50ℓ）	酵母（個／50ℓ）
洗米	1,050～7,620	50～360	―	―	―
餅つき	0～350	50～350	0.3	0	0
冷蔵固化	0～17	43～140	0	0	0
切断	20～340	640～2,060	0	0	0
包装	10～17	110～413	1	1	0

包装餅の製造工程

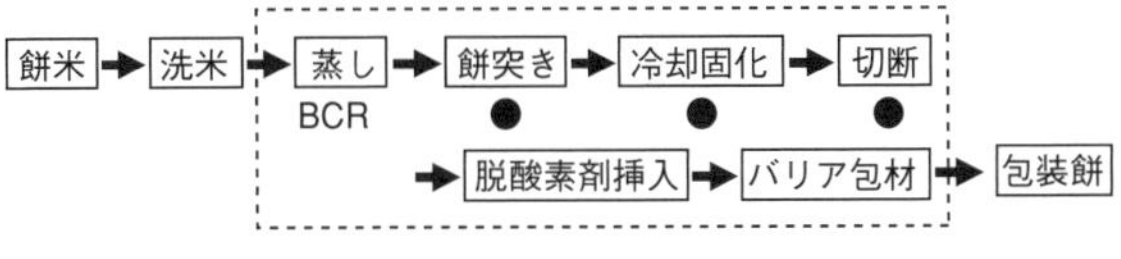

注　：BCR内は１万クラス、●はクリーンブースで100～1,000クラス。

あるが、通常は1週間の試運転後、落ち着いた状態で生産を開始することになっている。一般細菌の餅つきで0・3個／50ℓとあるが、これでもNASAの規格には適合している。この切り餅に使用したクリーンルームとクリーンブースを図表5－26に示す。なお、BCRは当然ながら人の多い場所は微生物の発生が多く、空中浮遊菌が多くなる。

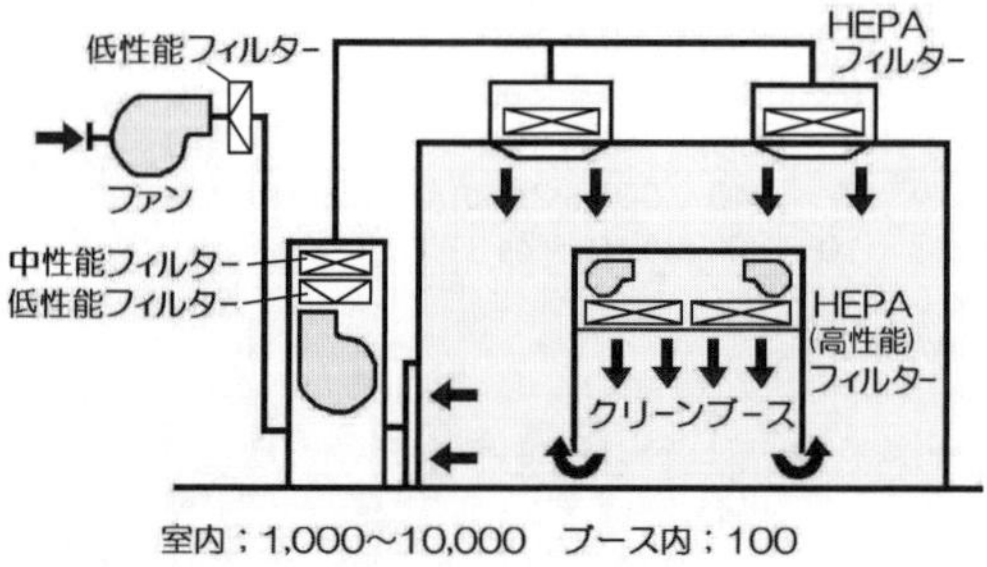

図表5－26　クリーンルームとクリーンブース

第６章　食品包装における衛生

1　食品包装に必要不可欠な衛生性能

(1) 食品衛生法、ＪＡＳ法など法規制への遵守

食品や医薬品といった経口品は、衛生安全性の確保が絶対条件である。食品には「食品衛生法」、医薬品には「薬事法」があり、これら経口品を包装する容器包装にも、内容物と同じような厳格な規格規制がある。包装された食品が大部分を占めるまでになっている現在では、包装は食品の一部として認知されているためである。そして、包装材料製造時に使用する添加物が食品に移行すると食品添加物となるため、包装についても食品に加えられる添加物と同じレベルで衛生安全性が求められる。

食品関連法令について図表6－1に示す。食品用容器包装の衛生安全性に関する法律としては、まず「食品安全基本法」がある。この法律では、食品の安全確保のための基本理念が定められ、国・地方公共団体・食品関連事業者の責務と消費者の役割が明らかにされている。また、食品の衛生基準には「食品衛生法」があり、輸入食品の安全性や残留農薬などの「食の安全」に対するリスクの評価・管理・コミュニケーションの要素からなる「リスク分析手法の導入」が、食品安全確保の基本原則となる。これらに「健康増進法」が加わって、食品安全確保の法整備がなされ、食品衛生法、ＪＡＳ法、健康増進法のそれぞれの表示を一元化した「食品表示法」がある。

図表6－1　食品関連の法規制

食品関連法令	内　容
食品安全基本法（平15年法74）	健康保護の立場から食品の安全性確保に対する基本理念を定めたもので、国・地方公共団体・食品関連事業者の責務と消費者の役割を規定した法令
食品衛生法（昭22年法233）	飲食に起因する衛生上の危害の発生を防止するための規格基準を設けた基本法令
健康増進法（平15年法103）	栄養改善・健康増進をはかるもので、保健の向上を目的した法令
食品表示法（平25年法70）	消費者保護法に基づく基本理念による食品表示の一元化と新表示の設定（食品衛生法、JAS法、健康増進法のそれぞれの表示を一元化）
食品の製造過程の管理の高度化に関する臨時措置法（平15年法71）	食品による衛生上危害の発生防止と適正な品質確保を図るため、管理の高度化を促進する法令で、省告示は「食品の製造過程の管理の高度化に関する基本方針」（省告1）があり、HACCPと一般衛生管理を加えた総合衛生管理製造過程（食品13）との関連も明らかにしている
JAS法（昭25年法175）	農産物の品質改善・生産合理化・取引の公正化・消費の合理化を遂行するために規格制定と普及を目的とした法令で、表示も重要な要因
農作物検査法施行規則（施則5）	農産物の荷造・包装検査では、荷造の緊括方法および緊括程度は、包装の種類および資材について容器の重量、損傷の有無、修理箇所を行う施行規則

(2) 食品衛生法

食品衛生法は、さまざまな飲食物の衛生と安全を守るための法律であり、図表6―2に示したような体系になっている。同法では「食品とは医薬品・医薬部外品以外のすべての飲食物」と定義されている。食品は経口品で、ひとつ間違うと致死につながりかねないため、厳格な規格・基準があり、必ず厳守しなければならない。

食品衛生法は「飲食に起因する衛生上の危害の発生を防止し、公衆衛生の向上および増進に寄与する」ことが目的で、「食品、添加物、器具および容器包装を対象とする飲食に関する衛生」と規定されている。そのため、化学的、微生物的を主体に、物理的な衛生安全性を加えたアプローチが必要とされる。なお、乳および乳製品は別の基準がある。

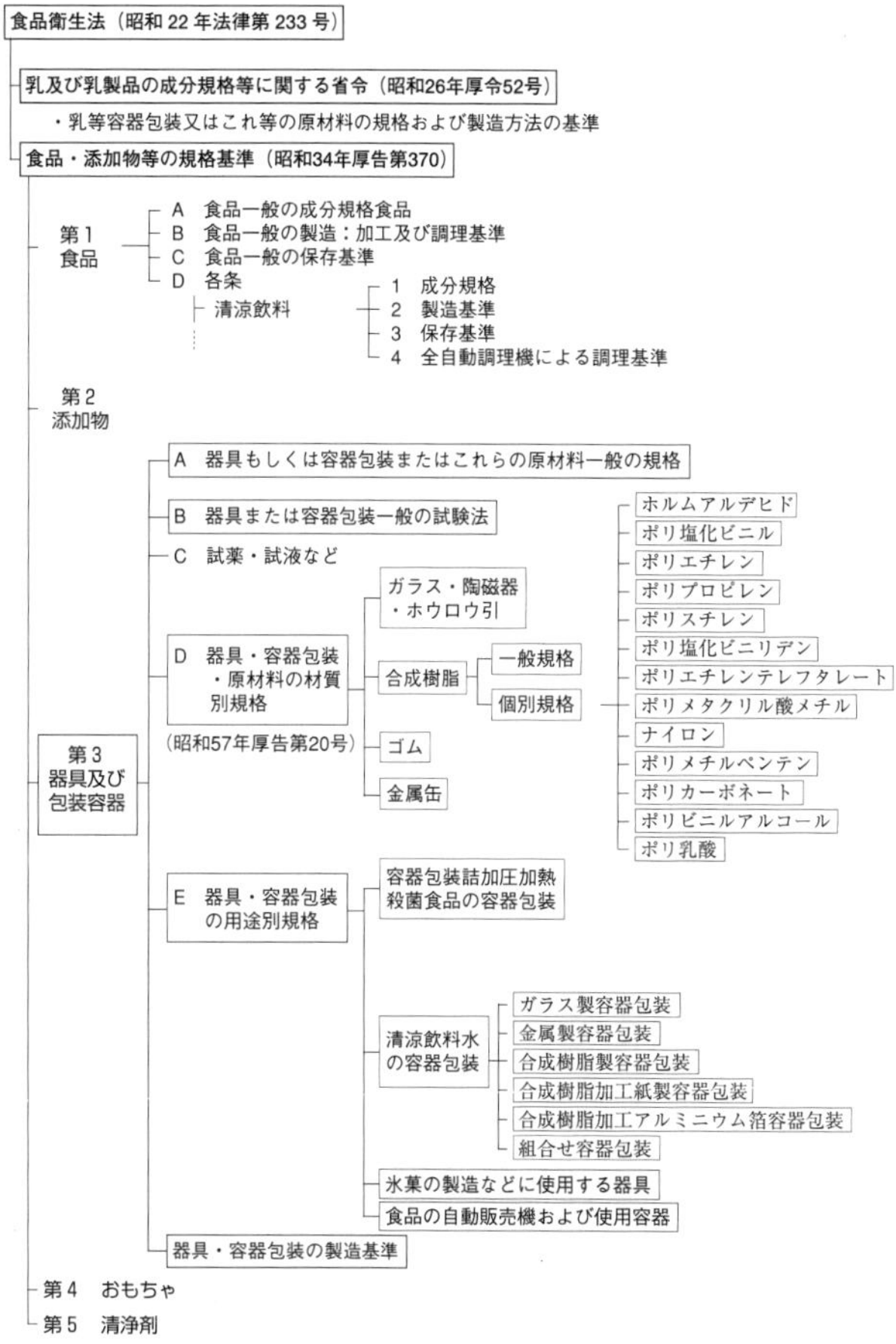

図表6－2　食品衛生法の規格基準の体系

化学的衛生安全性は、食品中の食品自体と添加物、さらに食品包装容器中から移行物質の化学成分などが人の健康に与える影響を規制したものである。

微生物学的衛生安全性は、食品中および容器包装中に存在する食中毒菌など人に有害な微生物に対する規制基準であるが、病原菌は皆無でなければならない。

物理学的衛生安全性は、容器包装の加圧、落下、圧縮、振動などの物理強度に耐えて衛生安全性を保持するための規格基準である。

食品包装容器には、図表6―2に示したように原材料の一般規格と、「器具および容器包装」があり、そのなかに材質別規格（D）、用途別規格（E）、「容器包装の製造基準」とがあるが、主体は「材質別規格」と「用途別規格」になる（図表6―3）。

材質別規格は、使用する包装材料別に化学的衛生安全性を規定しており、用途別規格では、レトルト食品、清涼飲料水など、とくに衛生的に配慮する食品・飲料に対して強度などの物理的衛生安全性を規定している。両者の位置づけは、材質別規格が基本にあり、その上に特定食品に対して上乗せ基準の用途別規格がある。

図表6－3　食品用包装容器の衛生規格

一般食品包装の規格（乳等を除く）	
原材料の一般規格	使用する原材料を決めたもので、金属と着色料のみが対象。化学的衛生安全性を規定
材質別規格	包装材料別に化学的衛生安全性を規定
用途別規格	特定食品に対し強度試験などの物理学的衛生安全性を規定
容器包装の製造基準	特定の容器包装のみで、化学的と微生物学的の衛生安全性を規定
乳等の食品容器包装	
乳等用容器の一般規格	一群（牛乳・クリーム）、二群（はっ酵乳・乳飲料）、三群（調製粉乳）に分け、化学的、物理学的、微生物学的な衛生安全性を規定

乳等省令における乳・乳製品用容器包装の規格は、一群（牛乳・クリームなど）、二群（はっ酵乳・乳飲料等など）、三群（調製粉乳）に分けて化学的、物理的、微生物的な衛生安全を規定している。

図表6―4には食品用容器包装における規格基準の一覧表を示したが、このように材質試験と溶出試験に適合しなければ使用できない。

(3) 間接添加物の規格基準と化学物質の許容レベル

食品製造において、分散剤、安定剤、酸化防止剤などの食品添加物を入れることを直接添加物といい、包装材料製造時に使用する添加物が食品に移行するものを間接添加物という。

安全性度合いについては、急性毒性試験では24時間以内、亜急性毒性試験では3カ月から12カ月、慢性毒性試験は一生涯、三世代先の遺伝子への影響を調べる繁殖試験までの検証システムが構築され、安全性が深化している。その他発ガン性試験、胎児への異常影響を調べる催奇形性試験、簡易な突然変異を調べる変異原性試験などがあり、安全性を評価するシステムが確立している。

一方、無菌包装、クリーン包装、冷凍包装などのニーズが高まるなかで、バイオクリーンルーム（細菌対応）の設置が多くなり、包装材料を含めた微生物衛生管理はますます必要とされている。包装は、食品と直接に接触するために、洗浄した包装材料の使用が法規制され、衛生性能がとくに要求される。包装材料内面のプラスチックについては、熱成形をするものが多く、必然的に殺菌されるので、殺菌されたものと同じと認められている。

									ゴム		金属缶
PS	PVDC	PET	PMMA	PA	TMP	PC	PVA	PLA	哺乳器具	それ以外	
○	○	○	○	○	○	○	○	○	○	○	−
−	−	−	−	−	−	−	−	−	−	−	−
−	−	−	−	−	−	−	−	−	−	−	−
−	−	−	−	−	−	−	−	−	−	−	−
−	○	−	−	−	−	−	−	−	−	−	−
○	−	−	−	−	−	−	−	−	−	−	−
−	○	−	−	−	−	−	−	−	−	−	−
−	−	−	−	−	−	○	−	−	−	−	−
−	−	−	−	−	−	○	−	−	−	−	−
−	−	−	−	−	−	○	−	−	−	−	−
−	−	−	−	−	−	−	−	−	○	−	−
−	−	−	−	−	−	−	−	−	−	−	○
○	○	○	○	○	○	○	○	○	○	○	−
○	○	○	○	○	○	○	○	○	−	−	−
−	−	−	−	−	−	−	−	−	○	○	−
−	−	−	−	−	−	−	−	−	○	○	○
−	−	−	−	−	−	−	−	−	○	○	○
○	○	○	○	○	○	○	○	○	○	○	○
−	−	○	−	−	−	−	−	−	−	−	−
−	−	○	−	−	−	−	−	−	−	−	−
−	−	−	○	−	−	−	−	−	−	−	−
−	−	−	−	○	−	−	−	−	−	−	−
−	−	−	−	−	−	○	−	−	−	−	−
−	−	−	−	−	−	−	−	○	−	−	−
−	−	−	−	−	−	−	−	−	−	−	○
−	−	−	−	−	−	−	−	−	−	−	○
−	−	−	−	−	−	−	−	−	−	−	○

図表6－4　食品用容器包装の規格基準

		ガラスなど	合成樹脂				
			フェノール	アルデホルム	PVC	PE	PP
材質試験	カドミウムおよび鉛	－	○	○	○	○	○
	ジブチル錫化合物	－	－	－	○	－	－
	クレゾールリン酸エステル	－	－	－	○	－	－
	塩化ビニル	－	－	－	○	－	－
	塩化ビニリデン	－	－	－	－	－	－
	揮発性物質	－	－	－	－	－	－
	バリウム	－	－	－	－	－	－
	ビスフェノールA	－	－	－	－	－	－
	ジフェニルカーボネート	－	－	－	－	－	－
	アミン類	－	－	－	－	－	－
	2-メルカプトイミダゾリン	－	－	－	－	－	－
溶出試験	カドミウムおよび鉛	○	－	－	－	－	－
	重金属	－	○	○	○	○	○
	過マンガン酸カリ消費量	－	○	○	○	○	○
	亜鉛	－	－	－	－	－	－
	フェノール	－	○	－	－	－	－
	ホルムアルデヒド	－	○	○	－	－	－
	蒸発残留物	－	○	○	○	○	○
	アンチモン	－	－	－	－	－	－
	ゲルマニウム	－	－	－	－	－	－
	メタクリル酸メチル	－	－	－	－	－	－
	カプロラクタム	－	－	－	－	－	－
	ビスフェノールA	－	－	－	－	－	－
	総乳酸	－	－	－	－	－	－
	砒素	－	－	－	－	－	－
	エピクロロヒドリン	－	－	－	－	－	－
	塩化ビニル	－	－	－	－	－	－

注　：1．金属缶は内容物が乾燥食品以外の食品（油脂・脂肪性食品以外）用に限定。
　　：2．ガラスなど；ガラス製、陶磁器製、ホウロウ引き製品、PMMA；ポリメチル酸メチル、PA；ポリアミン（ナイロン）、TMP；ポリメチルペンテン、PC；ポリカーボネート、PVA；ポリビニルアルコール、PLA；ポリ乳酸

2 保護性を高める密閉封緘

(1) 食品包装における密封性

食品の水分や酸素の移行を防いで細菌の侵入を防ぎ、かつ毒物を恣意に挿入されることを防ぐ未使用性を確保するニーズに対し、食品を衛生的で安全に長期保存する「密封」が必要不可欠となる。

そのためには、容器包装の内部を密閉系にし、外気の影響を完全に遮断して、密閉状態を保つことが求められる。封緘（Seal）とは、図表6―5に示すように食品を容器に入れ、または包んだ状態の開口部分を封じ、内容物品を保護することである。封緘にはヒートシール、機械的な結束（結紮）、接着剤貼りなどの方式がある。

さらに、食品の保存性・保護性を高めるためには「密封」が必要とされている。食品衛生法では「ヒートシール」、缶詰の「二重間巻締め」、びんの「密栓」の3種類が密封と定められ、針金による結紮《けっさつ》は認められていない。もしも密封性が損なわれると、各種バリア性もなくなると同時に、外部から細菌・真菌などの微生物が入り、二次汚染を起こす原因となる。

(2) 各種ヒートシール方式

封緘のヒートシールのなかでは熱板、インパルス、超音波、高周波のシール方式が一般的に使用される。図表6―6にプラスチックフィルムとの適応性を示した。優先順位は、まず、現在もっとも一般的な熱板シールで行い、不適合ならばインパルスシールを選ぶ。さらに不適合ならば超音波シール、高周波シールのどちらかを選択する。

図表6－5　各種封緘方法

加熱方式	シール方式	エネルギー媒体	具体的な各種のシール装置
◆熱溶着			
外部加熱熱伝導	熱板シール	電気ヒーター	熱板シーラー、ベルトシーラー、回転ロールシーラー、摺動シーラー、摺動ニップシーラー、溶断シーラー、熱溶融シーラー
	インパルスシール	衝撃電流の瞬間熱	インパルスシーラー（直線・曲線）、インパルス溶断シーラー
	フレームシール	ガス直火	フレームシーラー
	ホットジェットエアシール	ジェット熱風	ホットジェットエアシーラー
	スピンウエルドシール	摩擦熱	スピンウエルドシーラー
	赤外線シール	赤外線	赤外線シーラー
	レーザーシール	レーザー	レーザーシーラー
	熱溶融シール	樹脂溶融熱	樹脂成形同時の熱圧着装置ーラベルなど
内部発熱	高周波シール	高周波	高周波ウエルダー、高周波溶断ウエルダー、高周波ミシンなど
	超音波シール	超音波	超音波シーラー（連続、手動）、超音波溶断シーラー
◆結束			
なし	結束・結紮	機械的	結束機・結紮機 （針金・プラスチックベルト）
◆接着剤			
外部加熱など	ホットメルト溶着	加熱溶融	ホットメルトシーラー
	一般接着剤	一部加熱	コールドグルーシーラー、コールドシーラー
	溶解シール	溶剤で樹脂溶解	溶剤溶解装置（PSを有機溶剤で溶解し接着）
	ラベル・シール貼り	機械的	ラベル貼機など

(3) シーラントフィルム

複合フィルムの積層の基本は、基材フィルム／バリアフィルム／シーラントフィルムである。最内層のシーラントフィルムは、ヒートシール適性が目的のフィルムで、強度が強く、安価で密封性に優れ、食品と直接接するため高い衛生安全性が求められる。素材としてはポリエチレン（PE）とポリプロピレン（PP）が多く使用されている（ポリエチレンと各種シーラントフィルムの種類と特性については図表3－52参照）。

以下おもなシーラントフィルムの特徴を記述する。

① 低密度ポリエチレン（LDPE）

安価で、熱シール条件や温度許容も広く作業がしやすいため、多くの製品に使用する。

図表6－6
プラスチックフィルムとシール方式の適応性

熱可塑性プラスチックフィルム	熱板シール	インパルスシール	超音波シール	高周波シール
低密度ポリエチレン (LDPE)	○	○	○	×
高密度ポリエチレン (HDPE)	○	○	○	×
無延伸ポリプロピレン (CPP)	○	○	○	×
二軸延伸ポリプロピレン (OPP)	△	○	○	×
ポリスチレン (PS)	×	○	○	×
硬質ポリ塩化ビニル (PVC)	△	○	○	○
軟質ポリ塩化ビニル (PVC)	×	△	○	○
ポリ塩化ビニリデン (PVDC)	×	△	△	○
ポリビニルアルコール (PVA)	○	○	○	－
ポリエチレンテレフタレート (PET)	×	△	○	×
無延伸ナイロン (CNy)	×	△	○	△
二軸延伸ナイロン (ONy)	×	△	－	－
ポリカーボネート (PC)	×	△	○	×

注　：○；良好、△；可、×；不可

②無延伸ポリプロピレン（ＣＰＰ）

耐熱性があるためレトルト食品に適すことと、表面硬度があり透明性が保持できるため、硬いせんべいなど突起状食品に適す。ヒートシールする温度は高い。

③アイオノマー（Ionmer）

シール適性・強度などすべてに優れるが、価格が高いため必要に応じ必要な厚さで使用される。

④エチレン酢酸ビニル共重合体（ＥＶＡ）

以前は液体食品包装に多く用いていたが、Ｌ-ＬＤＰＥに移行していて食品には敬遠されている。理由は酢酸ビニルの含有量が多くなると低温シール性が増すが、バリア性が悪く、べとつきが出て、酢酸臭が強くなるためである。

⑤リニア低密度ＰＥ（Ｌ-ＬＤＰＥ）

低温でシールができ強度も強いため、近年、とくに水分の多い漬物などの包装に多く利用されている。触媒にメタロセンを用いると、さらに優れた性能を発揮する。

(4) 包装機によるヒートシール適性

ヒートシール（ＨＳ）には温度・圧力・時間などの機械的要因がかかわっていて、これをコントロールする必要がある。良いシール条件とは、シール温度は低めに抑え、時間をゆっくりかけて、圧力は少し強くするのがコツである。

横型ピロー包装機の温度と速度の関連は、図表６―７に示した通り、フィルムが３％収縮する温度を上限温度とし、シール強度が５Ｎのときの温度を下限温度としたグラフである。ＯＰＰ20／ＣＰＰ25のときには、速度50個／分で約20℃のシール温度範囲が、１５０個／分では約15℃とＨＳ可能な許容範囲が狭くなっている。

横型ピロー包装機の温度と速度の関連については、上限温度と下限温度とは同じ条件にしている（図表6―7）。内面ＣＰＰの場合は、速度40個／分で約25℃のシール温度範囲が、70個／分では約16℃と許容範囲が狭くなる。内面ＰＥの場合には、40個／分で約40℃の温度範囲が、70個／分で約30℃ほど狭くなるが、それでもＣＰＰほど狭くはならない。

(5) 欠陥シール

シールの完全性が求められ、密封が必要不可欠とされる現在では、欠陥シールは、重大な欠点となる。欠陥シールとは包装作業中に起きる問題で多くの要因が絡んでおり、原因を特定するのはかなり難しい。現在、多発している欠陥シールの現象と対策を図表6―8に示したが、環境問題から薄肉化が進むなかで、シール許容範囲が狭くなり、欠陥シールが生じやすくなってきており、さらなる追及が必要とされる。

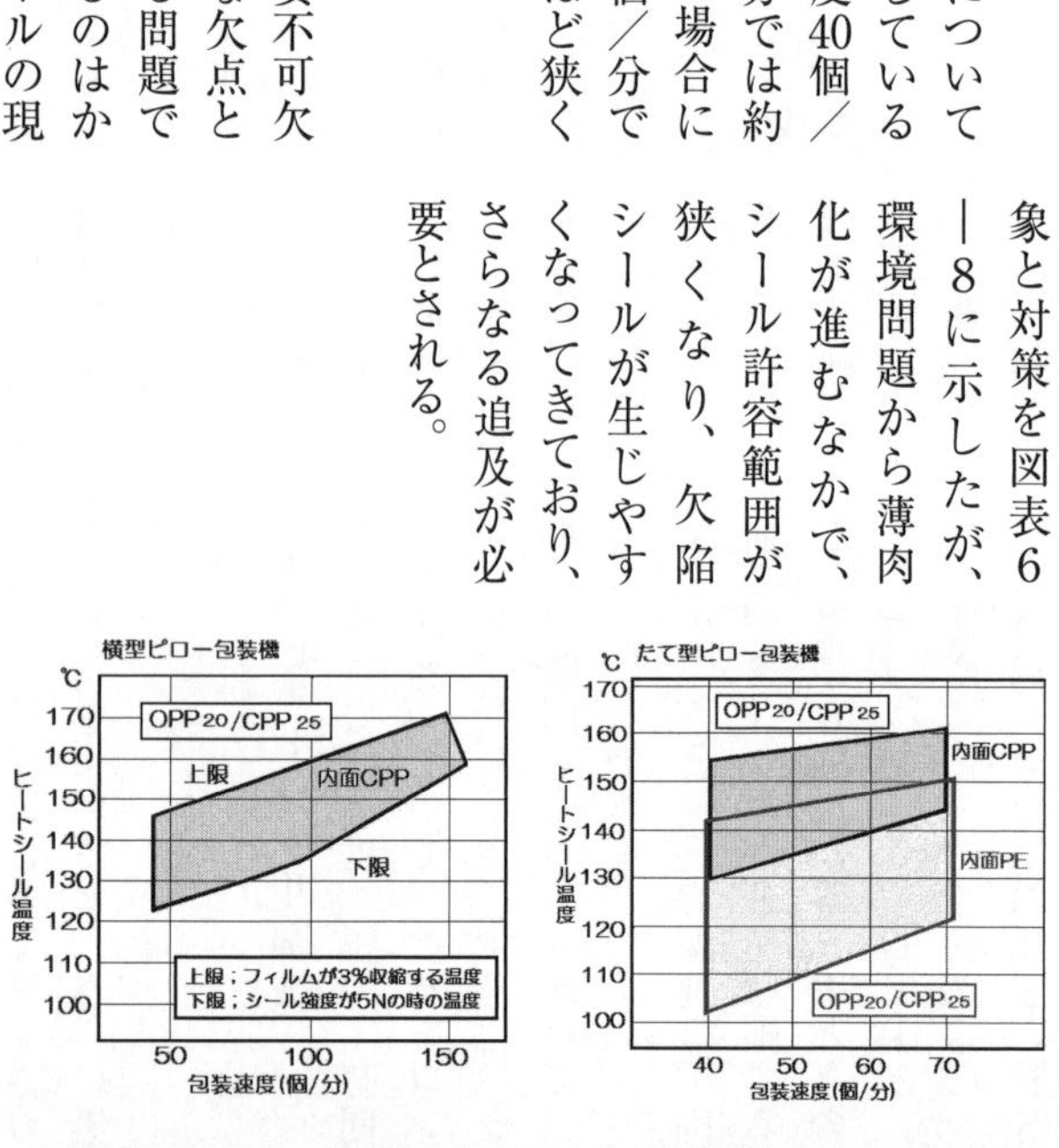

図表6－7　横型と縦型ピロー包装機のHS条件

図表6－8　欠陥シールの現象と対策

欠陥シール	現象と対策
しわ	＊フィルムの収縮など温度の上げすぎが原因。低温にするか、シール後水冷する。
エッジ切れ、ピンホール	＊高温ではフィルムが薄くなるために発生。包装材料に合わせた適切なシール条件（温度、圧力、時間）の設定が必要。 ＊シール板のエッジを丸くし、応力の分散をはかる。
咬み込みシールピンホール	＊内容品の液垂れによりシール部に付着し起こる現象。液切れのよい充填機を使用する。 ＊熱流動性がよく、低温でシールしやすいフィルムを使用する。
シール強度不良	＊シール条件が不適正のため、シール強度が弱くなる。適正条件の設定が必要。 ＊多層積層品は、低温HS性をもったフィルムを使用し、適正な条件設定が必要。
包装機械整備	＊包装機械の平衡、熱板の左右の平衡、均一な圧力、清掃のインフラ、メンテナンスが必要。

3 食品の安全・安心のための衛生管理

(1) 総合衛生管理

危害分析・重要管理点HACCPは「危害分析・重要管理点の監視または管理方法」で、1973（昭和48）年のFDA（米国食品医薬品管理局：Food & Drug Administration）による「密封容器に包装された加熱処理低酸性缶詰食品」を原点として、「HACCPの7つの原則」ができた。94年に自主管理色から強制力のある規制に切り替わっている。日本では、食品衛生法施行令で対象食品を規定し、現在、乳製品、食肉製品、魚肉練り製品、レトルト食品、清涼飲料水が指定されている。98年にHACCP手法支援法が法制化され、食品工場の施設や設備の整備が進み、食品製造機械、包装機械、包装材料のHACCP対応が進んだ。

HACCPはHA（危害分析）とCCP（重要管理点監視）とを組み合わせた食品の衛生とその品質を管理する方式である。工程管理、原料管理、生産環境管理からなり、「危害」は当初、微生物汚染、腐敗の危害を指していたが、最近は化学的危害と物理的危害が要因に加わった（図表6―9）。HACCPでは従業員の健康管理と衛生管理（手洗い、帽子着用など、洗浄・消毒）などの基本的な衛生管理はないため、根源的な衛生管理であり、一般衛生管理事項（PP）が必要とされている。

衛生管理の根幹にあるPPを十分に整備、管理すれば重要管理点が少なくなり、衛生状態がよくなる。この両者を盛り込んだ総合衛生管理システムが必要とされる。食品衛生法の総合衛生管理製造過程は「製造または加工の方法およびその衛生

図表6－9　危害の内容

危害分類		具体的な危害内容
化学的危害		有毒化学物質の付着・混入（水銀、油など）、残留物質（農薬、保存料、ホルモン剤、抗生物質、殺菌剤など）、化学物質の不正使用（不認可物質の違法添加、添加物基準違反など）
物理的危害		金属片、ガラス片、骨片、小石、木片、虫の死骸、毛髪など
微生物	汚染	微生物とその代謝産物（食中毒起因菌、アフラトキシン、ウイルスなど）、人体寄生虫（回虫など）、容器・包丁・まな板付着菌の洗浄・殺菌不良、作業員からの伝染汚染、包装不良
	増殖	常温で長時間放置、冷却放置、設定冷蔵温度以上の温度保管

管理の方法につき、食品衛生上の危害の発生を防止するための措置が総合的に講じられた製造または加工の過程」と規定しているが、広く解釈すると総合衛生管理システムとなる。すなわち、工程や周辺の基盤として、食品の製造・加工を行う衛生的構造施設、設備、機器類のハードを充実・整備・維持することで、一般衛生管理とHACCPを合わせた総合衛生管理製造過程のソフト（サニテーションなど）を講じることになる。HACCPとPPPとを合わせた総合衛生管理に求める水準は、基本的にはGMP（Good Manufacturing Practice）の衛生管理基準のレベルとなる。

(2) ISO22000への対応

HACCPによる衛生管理は食品関連製造事業者で行われているが、運用の原則はあくまでガイドラインで、各国の業種でも運用基準が異なり国際的な基準になっていない。輸出入食品が多くなるなかで、BSEに対する安全性、鳥インフルエンザ、食品添加物の有害性・添加量、残留農薬の規制は、各国で衛生安全対策が異なる。しかし、生活者には食の安全の重要性確保が必要不可欠である。そこで、図表6―10のように国際規格の食品安全マネジメントシステム（FSMS＝Food Safety Manegement System：ISO22000）が誕生した。

HACCPだけでは片手落ちで一般衛生管理（PP）がなく、HACCP認証企業でもレベルが違うため、ISO22000はPPを加えた基本的前提条件をもとに、HACCP原則も適用したプログラムになっている。「農場から食卓まで」の思想の基で「フードチェーンに関与するすべての関係者の共同責任」とし、すべての経路をたどる「トレーサビリティー」も組み込まれている。

① HACCP原則の適用

規格化の必須要件は、HACCP原則の適用、要求事項の文書化、管理システムの確立であり、あくまでHACCPが基本である。

② 前提条件プログラムの明確化

HACCPに一般衛生管理（PP）を加えた総合衛生管理をプログラム化して、遵守する基準を明確化している。

③ フードチェーンにおける相互コミュニケーション

生産者から生活者までのすべての経路を追跡する「トレーサビリティーシステム」を組み込んだ食品衛生管理で、図表6―11のように農家、食品加工業者、食品販売業者、生活者など多くの関係者が携わっている。また、FSMSのかかわる範囲は原材料から半製品、容器、食品を扱う機械にまで広がっている。生活者が鮮度、期限表示、衛生状態を厳しくチェックして、食品がたどったすべての経路を追跡できる仕組みとなっている。

④ PDCAサイクルに基づくマネジメント管理

最終管理プロセスは、ISO9001の手法を使ったPDCAのサークルを回すことにより、マネジメント管理を遂行する。

(3) 包装材料の衛生性

即席麺、乳製品、畜肉加工品、惣菜などに用いるプラスチックフィルムを主体にした袋、容器などの柔らかい包装材料を軟包装材という。これは直接食品や医薬品と接するため、衛生的で高い安全性が求められる。そこで、軟包装製造者が集まって軟包装衛生協議会（軟衛協）が設立され、1976（昭和51）年には「衛生管理自主基準」が設けられ

図表6－10　食品安全マネジメントシステム(FSMS) ISO22000の規格内容と特徴

章		内容
	1	適用範囲
	2	引用規格
	3	用語および定義
マネジメント	4	食品安全マネジメントシステム；①文書化、②文書管理、③記録管理
	5	経営者の責任；①経営者のコミットメント 、②食品安全方針 、③ FSMSの計画、④責任および権限、⑤食品安全チームリーダー 、⑥コミュニケーション、⑦緊急事態に対する備えおよび対応、⑧マネジメントトレビュー
プロセス	6	資源の運用管理；①資源の提供、②人的資源、③インフラストラクチャー、④作業環境
	7	安全な製品計画および実現
	8	①一般 、②前提条件プログラム (PRP)、③危害分析を可能にするための準備段階、④危害分析、⑤オペレーションPRPの設計および再設計、⑥ HACCP計画の設計および再設計、⑦事前情報およびPRPならびにHACCP計画を規定する文書の更新、⑧検証計画、⑨ FSMSの運用食品安全マネジメントシステムの検証・妥当性確認および改善
		[①一般、②モニタリングおよび測定、③ FSMSの検証、④管理手段の組み合わせの妥当性確認、⑤改善]

◆ ISO 22000の特徴

① HACCP原則の適用
②前提条件プログラムの明確化 (PPを含めたプログラム)
③フードチェーンにおける相互コミュニケーション
④ PDCAサイクルに基づくマネジメント管理

図表6－11 HACCPとISO22000における関係者範囲比較

HACCPの範囲	ISO 22000で追加された範囲
農作物生産者	殺虫剤製造者、化学肥料製造者、獣医用医薬品の製造者
飼料生産者	材料製造者、添加物製造者
一次食品生産者	輸送業従事者、貯蔵業従事者
食品加工者	洗浄剤製造者、食品製造機械製造者
第二次食品加工者	包装資材製造者、包装機械製造者
卸売業者	サービス業者
小売業者	フードチェーン供給者
生活者	厳しい目で食品のチェック

た。これにより、衛生的な工場で、衛生管理基準に基づいて管理しながら、衛生安全性の高い製品づくりが行われるようになった。その後、81年には認定制度を設け、この基準に適合する工場に対し「認定工場」の資格を与えている。認定工場で製造された製品には、認定マークを表示できる。

　その後、関連法令改訂や技術の進歩および食品衛生を取り巻く社会の変化に対応して幾多の改訂が重ねられ、PL法、GMP（Good Manufacturing Practice）、品質マネジメントシステムQMS（ISO9001）、HACCP（Hazard Analysis Critical Control Point）などの思想を取り入れ、現在のような「衛生管理自主基準」になっている。

　軟衛協の衛生管理自主基準は、図表6―12に示したように食品衛生法、薬事法などの衛生関連法規制の遵守を基本に、そのうえでGMPとHAC

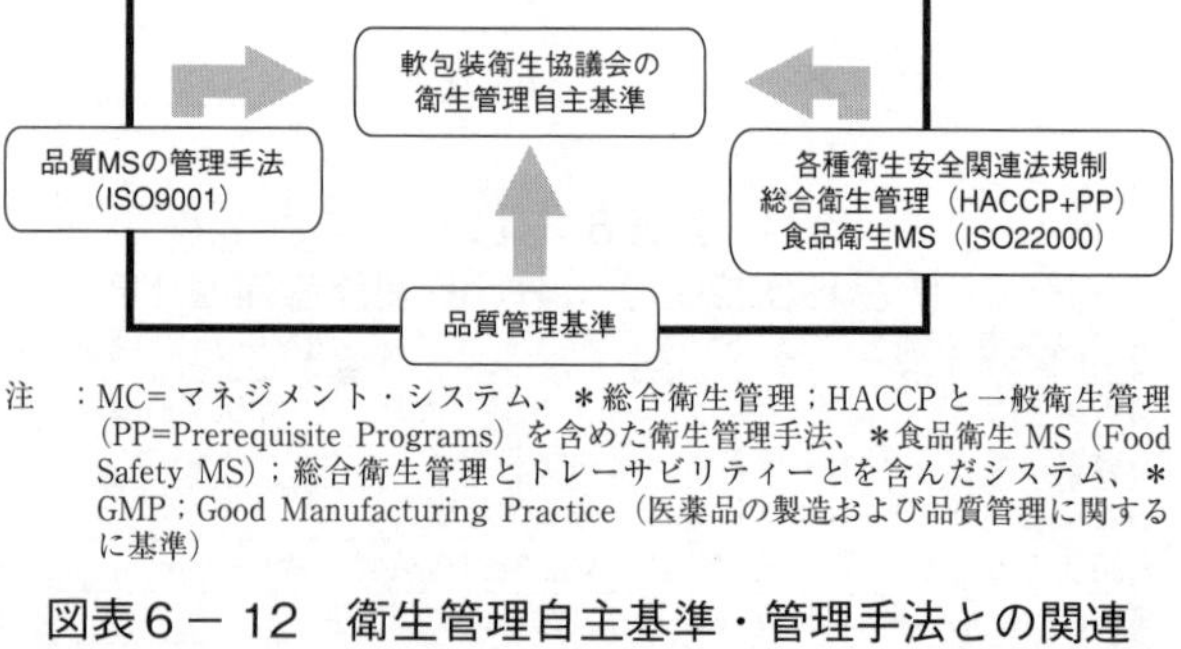

注　：MC=マネジメント・システム、＊総合衛生管理：HACCPと一般衛生管理（PP=Prerequisite Programs）を含めた衛生管理手法、＊食品衛生MS（Food Safety MS）；総合衛生管理とトレーサビリティーとを含んだシステム、＊GMP；Good Manufacturing Practice（医薬品の製造および品質管理に関するに基準）

図表6－12　衛生管理自主基準・管理手法との関連

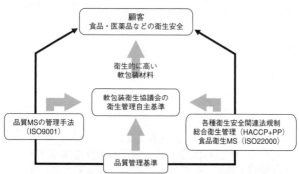

ＣＰと一般衛生管理とを含めた総合衛生管理システムの衛生管理を取り入れ、かつ管理手法は、ＩＳＯ９００１のＱＭＳを用いている。

昨今、食品メーカーで多く採用しているＩＳＯ２２０００は、総合衛生管理システムとトレーサビリティーとを一緒にしたもので、その思想は軟衛協の衛生管理自主基準にも適用されている。

「衛生管理自主基準」は、広義には品質ＭＳの管理手法を用い、ＧＭＰ、総合衛生管理、食品衛生ＭＳなどの衛生安全管理を補完する役割を果たしている。すなわち、図表６―13のように「製造・加工工程における衛生管理基準」のソフト面と、工場の「構造・設備に係わる基準」のハード面によって構成されている。

軟包装材料を加工する工場の加工衛生管理に関する構造・設備の要件については、図表６―14に示した通り、かなり厳しい条件が義務づけられて

図表６－13　「衛生管理自主基準」の概要

衛生管理のソフト面	加工衛生管理	原材料、中間製品管理、製品管理、機械・機器の管理、加工工場の管理、外部発注の管理、その他の加工衛生管理
	環境管理	塵埃・微生物管理、殺菌・駆除、清掃管理、用具・薬剤・作業手順の維持管理、鼠・昆虫などの防御基準
	作業者の衛生管理	服装管理、健康管理、手洗いなどの管理基準、その他管理基準
構造施設のハード面	立地環境基準	工場全体の構造と施設の基準
	作業所の構造と設備の基準	前扉、食堂、便所、手洗いの構造と施設の基準

資料：軟包装衛生協議会

図表6－14
加工衛生管理に関する工場の構造・設備の要件

1	工場	＊昆虫・鼠・塵埃・悪臭・有害ガス等の発生源でないこと ＊排水の滞留がなく、清掃が容易で、防虫・防鼠構造 ＊作業所・便所・食堂の出入口は、手洗設備が完備 ＊扉・窓は気密構造 ＊清浄度は、一般・準清浄・清浄の３つに区分
2	作業所	＊入口に前室を設け、一般区域と区画 ＊陽圧に保つ ＊天井・壁・床は、平滑で、掃除しやすい防水性・耐薬品性が高い構造 ＊給気口にはフィルターを取り付けて、掃除ができる構造 ＊作業所照明は、明るく埋込み型、逆富士山型の塵埃の溜まらない構造 ＊扉・窓は防塵 防虫・防鼠のため、夜間の室内光が漏れない構造 ＊排水溝、配管用側溝は、開閉可能な金属板でシールする
3	前室	＊出入口は同時開閉できない二重構造扉の設置で、中室は暗く虫が入らない構造 ＊履替え、服装点検、手洗設備 ＊エアーシャワーが望ましい
4	便所	＊便所は水洗式、履替え、手洗いの設備 ＊便所の清掃が容易なこと
5	履替え設備	＊異なる清浄度の出入りは履替え設備を設け、交差汚染が起きない構造
6	手洗い設備	＊手洗い場は石鹸と消毒用剤を配置 ＊水栓は自動給水式 ＊手拭きは、紙タオルかエアタオルによる防塵
7	食堂と厨房	＊食堂は、手洗場を持ち、明るく清潔な設備 ＊厨房は、殺虫灯・防塵・防虫・防鼠、履替え場の設備
8	保管施設	＊防塵・防虫・防鼠設備をもち、分離区画により保管
9	荷物運搬車の区分	＊屋外用と屋内用とに分け、作業所用は専用車として一般区域用と区分 ＊トラックは直接保管場所に乗入れない
10	開梱・梱包の場所	＊段ボール等の外装の開梱や梱包は作業所外で行う ＊ポリ等で内装包装する場所は、作業所内に置く
11	その他一般区域	＊現場事務所・喫煙所・休憩所・更衣室・食堂・便所は、隔壁で区分する ＊喫煙所・休憩所・食堂・便所の換気は、直接屋外に排出

いる。設備投資金額も多く負担が大きくなるが、「衛生的により安全な軟包装材料を提供する」という使命から、会員自ら高い衛生管理レベルを課している。

⑷ 包装機械の衛生性

労働安全衛生性については、世界的なトレンドとして問われている。制度的には、1996年に英国規格協会（BSI）が作ったBS8800規格が先行し、1999（平成11）年にOHSAS18001（Occupational Health & Safety Assessment Series）ができた。国際的にはこのほか、国際労働機関（ILO）のOHSMS（Occupational Health & Safety Management System）ガイドラインや米国のOSHA基準などがあるが、国際規格としてはOHSMSが規格になると考えられる。これはアメリカが加入してない（ANSI＝アメリカ規格）準国際基準であるが、日本でも大手企業を主体に多くの企業が取得している。

OHSASでは、英国（BSI）、ドイツ（DIN）、日本などが加わり、2000年に労働安全衛生マネジメントシステムOHSMSの審査仕様ガイドラインができた。現在、OHSASに30カ国以上が加わっている。

OHSAS 18001規格では、品質MS（QMS）を基軸として危険性回避という立場からリスクマネジメントが主体となる（図表6―15）。

包装機械類もEUでは安全性に厳しい規格があり、EU域内で使用する機械・電機を含む機器類には、図表6―16のようなCEマークをつけないと使用できない。したがって、わが国から包装機械などの機器類をEUへ輸出・販売しても、CEマークがなければ使用できない。

図表6－15　OHSAS18001 規格の概要

①一般要求事項
②労働安全衛生方針
③計画（リスクマネージメントのいろいろな計画、目標、プログラム）
④実施および適用（体制・責任、訓練・自覚・能力、文書化、データ管理、緊急事態への対応）
⑤点検および是正措置（パフォーマンスの測定、事故・事故誘引・不適合・是正・予防措置、記録・記録の管理、監査）
⑥経営者による見直し

① 「EC 適合」しているかの検証（規格書熟読、危険個所認識、安全要件の充足、取扱説明書の確認）
②技術資料ファイル作成（EC 適合宣言の裏づけ書類で、英語、ドイツ語、フランス語の EU 公用語で書き、10 年保管）
③ EU 適合宣言書作成（EU 公用語で書き、取扱説明書を添え、欧州住所で宣言）
④ CE マーキング貼付（EC 適合宣言書、技術資料ファイルが整った時、機械に「CE マーク」を表示できる）
⑤違反に対する罰則（罰金や市場からの締め出し）

図表6－16　CE マークと CE マーキングの必要条件

ＣＥマーキングするには、適合性の確認、ＥＵ公用語の技術資料ファイル作成、取扱説明書などを揃えたうえで、ＥＵ域内で安全適合宣言をする必要がある。この適合宣言すると「ＥＣ適合宣言」となり、「ＣＥマーク」をつけることができるのである。ＣＥとはフランス語の「Communaute Europeenne」に由来して命名されたもので、ＥＵの公用語とはフランス語、ドイツ語、英語を指す。ＥＣ適合宣言はＥＵ域内で行うため、ＥＵへの輸出には、代理店か提携会社などから宣言しないとならない。

4　異物混入防止と検査方法

(1) 異物混入防止方法

食品など製造職場や包装過程において、異物の混入事故はまだ多い。製造設備の不備、人為的ミ

図表6－17　異物の種類と混入経路

混入経路	異物の分類	異物の種類
外部からの持ち込み	小動物	＊ハエなどの昆虫　＊ゴキブリ　＊クモ　＊ネズミ
	人	＊毛髪　＊体毛　＊病原菌　＊各種細菌　＊入歯　＊バンソウコウ
	資材・備品	＊繊維　＊紙粉　＊紙片　＊文具　＊テープ　＊ホチキス針
製造ライン・環境	製造機械・環境	＊機械部品・部位（ねじ・リンクなど）　＊錆　＊機械油　＊洗浄剤　＊塗装片　＊カッター刃　＊塵埃　＊空中浮遊菌　＊コンタミネーション（汚染）
	食品残査	＊食品変質物　＊腐敗菌
	備品・工具	＊工具類　＊ブラシ毛　＊金属片　＊ガラス片　＊樹脂片　＊木片　＊ゴム片　＊針金片
原材料・副材料	動植物由来	＊各種小動物　＊各種病原菌　＊寄生虫　＊各種細菌（腐敗菌）　＊各種カビ菌　＊抗生物質　＊骨　＊獣毛　＊残留農薬　＊毒物
	採取・製造由来	＊木片　＊ガラス片　＊毛髪　＊繊維　＊石

ス、清掃の不完全、衛生管理不備などが要因である（図表6－17）。異物には、外部持ち込みによる異物、製造ライン・環境からの発生異物、原材料・副材料由来の異物がある。

HACCPを取得した認定工場でも、そのままでは異物混入はなくならない。異物を遮断するには、発生源を特定したうえで対策を立案し、ルールを作り守らせる必要がある。まず、異物混入の原因となる要因を洗い出すことから始め、文具や日用品、工具・冶具、消耗を防止できない金たわし、私物・不要物といった「なくなってもわからないもの」を、置き場所や数量管理、私物持ち込み禁止などにより「なくなったらわかる」ようにすること。

次に、いつも同じ場所で使う場所が決まっていない、持ち出しが多いもの、数量不明な文具・工具、置き場所不明物、管理中途半端な備品も「なくなったことがわからない状態」から「なくなったことがわかる状態」に管理するため、製造所、設備の整備に加えて、個々人に対する衛生教育、訓練などを含む異物混入対策マネジメントの実施が必要となる。なかでも毛髪落下への対策が難しく、これには眼だけ出して顔全面に被せる帽子が有効である。最終的には、個々人の管理の徹底が問題解決の前提になり、そのうえで清掃が重要なカギを握る。毎日の清掃と点検は必要不可欠であるが、身の回りだけでなく、一斉清掃をすることで、全生産現場の環境・衛生状態、設備保守管理など全体にわたって見え、また、従業員の教育や5Sの徹底がはかれる。

(2) 異物検出法

異物の検出には昔から人による目視検査が行われてきたが、昨今は効率、人件費、検査員の資質の観点から自動検査が導入されている。目視検査と検査測定器を比べると、短時間で集中して検査するには目視検査が優れ、長時間になると自動検査が有利と、それぞれ一長一短がある。自動検査は検査対象によって異物検査の種類や検査方法が異なり、外観、内容物中にある異物、密封などの検査がある（図表6―18）。

検査測定としては、具体的には次のような手段がある。

① 光学的な画像処理検査

CCDカメラを使って画像を取り込み、コンピューターで2値化変換を行い、パターン認識により異物を検出する方法で、安価で多く利用されている。

② 音波検査

食品用缶詰は蒸気置換により真空にするが、殺

図表6－18　異物など検査の種類と測定手段

検査内容	検査項目	測定手段							
		光	重力	磁気	電圧	圧力	X線	音波	その他
外観	形状、位置、汚れ、異物、傷、印刷、異種、表裏、欠け	○						○	
内容物	量目、質量、個数	○	○				○	○	○
内容物中異物	異物、位置	○		○			○		
印刷情報	ロット番号、賞味期限、バーコードなど	○							
密封	シール不良、ピンホール、破れ、キャップ	○			○	○		○	○

菌不良では菌が増殖してガスを発生し膨張するため、缶をたたいて音で良否を判断する。

③リーク検査によるピンホール検査（電圧と圧力）

図表6—19のように絶縁体の包装材と導電体の食品では、ピンホールがない状態では検出回路で荷電しても安定であるが、ピンホールがあると電極から火花放電が発生し帯電する。リーク検査のエアー式や変位式は、圧力を加えるため缶やボトルの剛性容器に使用される。

④磁気による金属探知検査

金属異物検査装置は、送信コイルと受信コイルの間に磁界を作り、鉄系または非鉄系の金属片があると磁界が乱れることで探知する検査方法である。図表6—20には金属の流れ方向と検出感度を示した。送信コイルと受信コイルを上下と左右に置くと感度が変わるため、対象物の形状や方向を

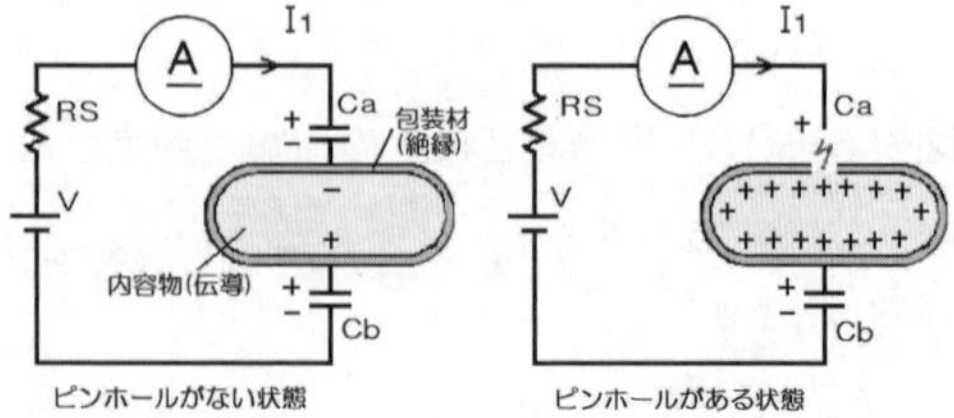

図表6－19　ピンホール検出

	姿勢	流れ方向	同軸形の検出感度		対向形の検出感度	
			Fe	SUS	Fe	SUS
針金状	▯	→	△	△	◎	△
	▭	→	◎	△	○	△
	○	→	○	△	△	△
円板状	▭	→	◎	○	△	◎
	▯	→	△	◎	○	○
	◯	→	○	△	◎	△
磁気の向き			→ 左右		↓ 上下	

図表6－20　金属の流れ方向と検出感度

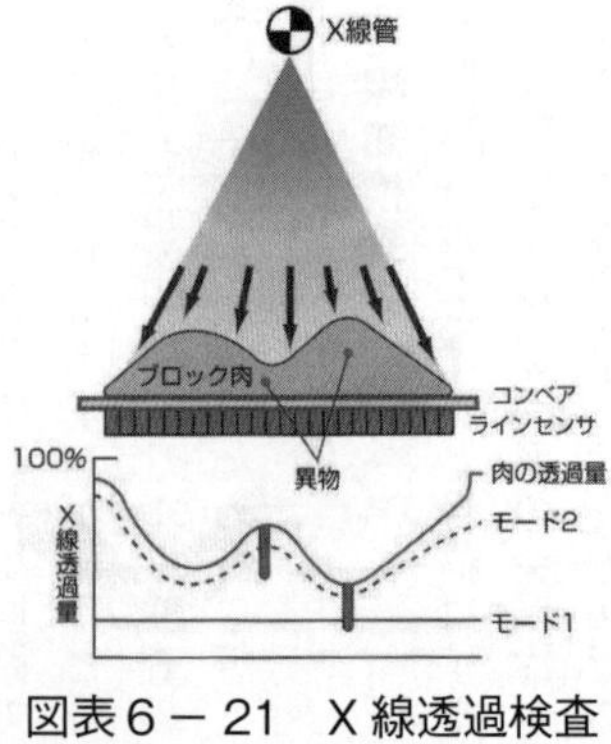

図表6－21　X線透過検査

図表6－22　画像処理・X線検査・金属検出の比較

	画像処理	X線検査	金属検出
表面異物の検出	○	○	○
製品内部、包装内部異種検出	▲	○	○
非金属の検出	▲	▲	×
異物位置の検出	○	○	×
異物個数の検出	○	○	×
異物形状・サイズの検出	○	○	×
遠方よりの検査	○	▲	×
異物／製品同色時の識別	▲	○	○
異物／製品同比重時の識別	○	×	▲
メンテナンス	▲	×	○

注　：検出状態が、○；可能、▲；可能な場合と不可能な場合あり、×；不可能

考慮して選択する必要がある。

⑤ X線透過検査

透過性のよいX線を使用した検査で、食品包装の異物検出には、X線管の電圧が100kV以下の波長が長く、かつエネルギーの小さなX線を使用する。通常は、透過したときのX線量の変化を電気的に検出する。原理は図表6－21のようなモード1を通常用いるが、肉厚にバラつきがあればモード2の画像処理で検出する。ただ、X線は毛髪、紙、ひも、虫、羽根のような密度が低く、軽いものは検出できない。図表6－22に画像処理・X線検査・金属検出の比較をした。

(3) 安全・安心を求めたトレーサビリティー

トレーサビリティーとは、生産・処理・加工・流通・販売のフードチェーンの各段階で、食品とその情報を追跡し、遡及できることで、商品を購買した消費者（生活者）に生じるさまざまなリスクを回避することである。さらに、商品に新たな付加価値を加え、差別化を図ることもできる。国際標準化機構（ISO）では、「記録物を通してある物品や活動についての履歴とその使用状態、またはその位置などを検索する能力」と定義され

ている。

この言葉を有名にしたのが、2003（平成15）年に農林水産省が導入した「牛肉のトレーサビリティー」であり、国内で生まれたすべての牛を個体識別し、牛肉についても業者に仕入れや販売の記録を義務づける制度である。農林水産省では食の安全を確保するため、牛以外の食品についても「食品トレーサビリティー」として取り組んでいる。

食品トレーサビリティガイドライン（農林水産省策定）では、「一般には工業製品や食品、医薬品などの商品・製品や部品、素材などを個別（個体）ないしはロットごとに識別して、調達・加工・生産・流通・販売・廃棄などにまたがって履歴情報を参照できるようにすること、またはそれを実現する制度やシステムをいう」と定義されている。


消費者は製品の生産履歴、流通履歴が明確なことで、衛生安全面と健康面とでリスクを少なくすることができ、安心して購買できる。トレーサビリティーを導入することで、「いつ、どこで、誰がどのように生産し、どのような経路で流通し、販売された」のかの履歴がはっきりわかる。もしも事故が発生したら、生産・加工・流通経路が明らかなため、原因究明や製品の迅速な回収が可能となる。

今、ＩＳＯ２２０００が多くの食品工場で実施されており、これには「農場から食卓まで」というトレーサビリティーが組み込まれている。このなかには当然、包装・容器も包含されているので、衛生管理が重要なポイントとなる。

第7章

食品包装に訴求される役割

1　情報を伝達する役割

情報伝達用ラベルの原点は、奈良時代に用いられた納税品を識別するための荷札「木簡」（写真7―1）であり、セルフサービス時代に入った現代では、包装が商品のすべての情報を伝えることになる。

情報伝達は、「法的・社会的要求」に対する側面と「生活者（消費者）への情報伝達」に対する側面があり、さらに「国際貿易・流通」での荷扱い情報が必要である。

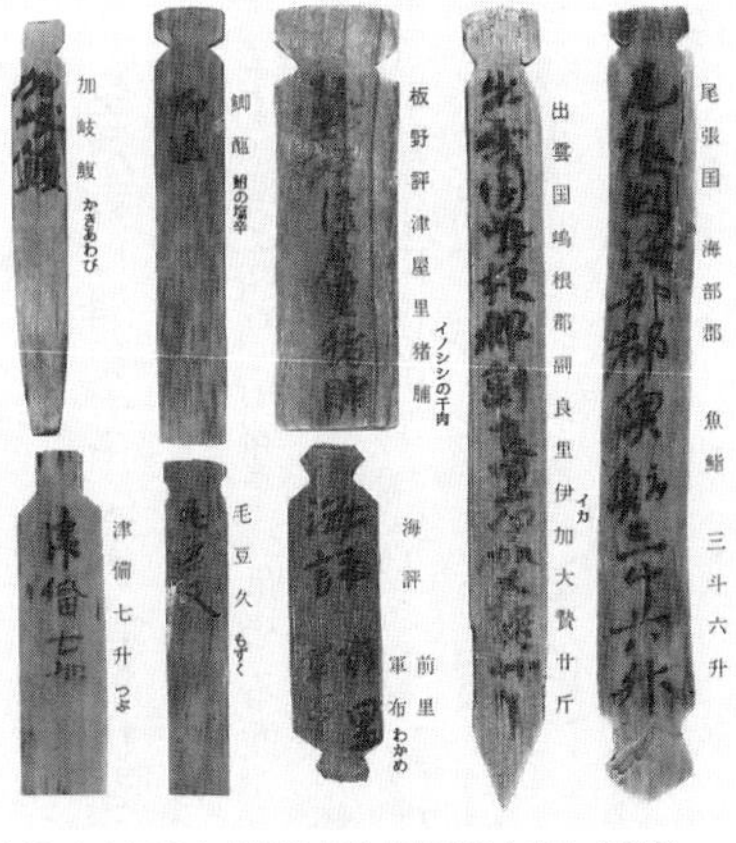

資料：奈良国立文化財研究所「藤原宮と京」（1999）

写真7－1　木簡での情報伝達

(1) 法的・社会的要求に対する情報伝達

「法的・社会的要求」では、次に示すような法的表示は絶対に遵守しなければならない。とくに食品は経口品のため、人の健康や生死にかかわるので、必ず守らなければならない。

・法的規格基準への適合
・商品内容情報（原産地、内容量、等級など）
・品質保持情報（賞味期限、保存方法、有効期限など）
・安全性情報（含有添加物、アレルギー素材など）
・保健衛生情報（カロリーや成分など）
・環境対応情報（識別マーク、エコマークなど）

食品関連の表示には、食品衛生法、ＪＡＳ法、健康増進法などの個別の表示方法が定められていたが、新しく「食品表示法」が設定されことにより一元化がはかられた。たとえばアレルギー表示の改善、栄養成分表示の義務化、「機能性表示食品」の新設などがある。

(2) 生活者（消費者）への情報伝達

「生活者（消費者）への情報伝達」は、生活者を保護する面と商品情報を提供する面がある。

・商品の適正情報（違法表示や誇大表示の禁止など）
・商品の使用用途情報（電子レンジ調理用など）
・商品の使用方法情報（電子レンジの使用電力と時間、冷たくして食べるなど）
・信用・信頼情報（企業・生産者の表示、産地情報など）
・わかりやすい情報（文字の大きさ、イラスト表示など）
・禁止・警告情報（誤使用、誤操作の防止など）

・社会的弱者への情報（点字表示、凹凸表示など）
・商品の問い合せ先（欠陥、クレーム対応など）

このほか、流通合理化のためのバーコード、二次元コードなどを表示しなければならない。写真7－2には市販購買品の表示例を示したが、今や、絵による表示が多くなっている。

(3) 国際貿易・流通での荷扱い情報

「国際貿易・流通」に対しては、荷物の積み降ろしの労働安全、表現言語、原産地、安全規格、検疫などの情報が必要とされ、このマークで作業をするため、国際的に共通の表示が多い。

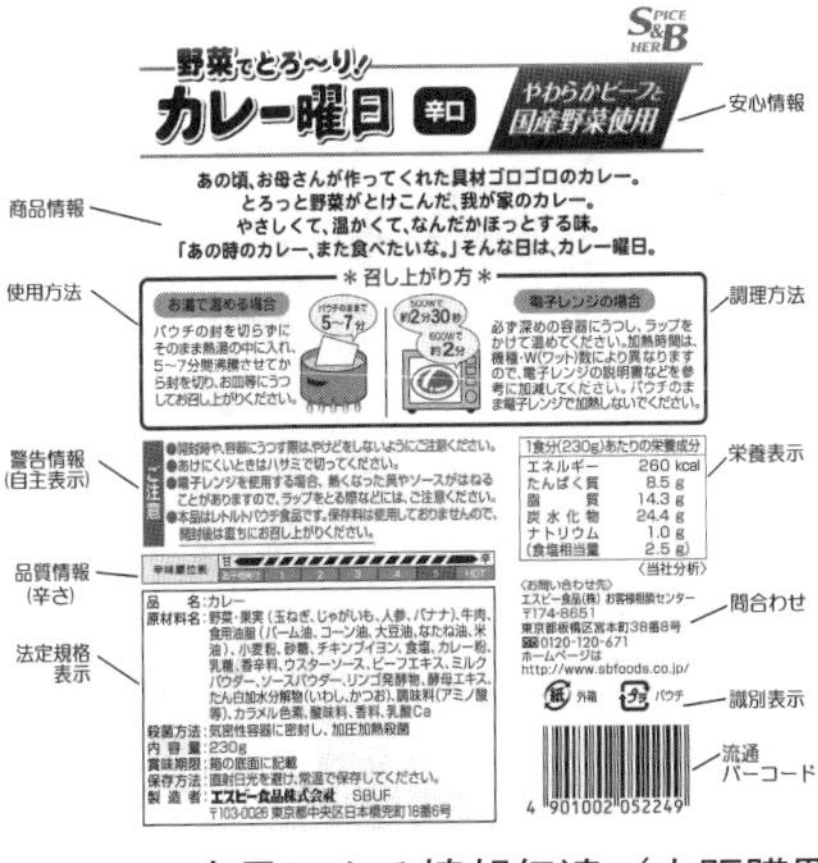

写真7－2　表示による情報伝達（市販購買品）

2 携帯、開封、再封などの利便性

(1) ペットボトルに代表される携帯性の重要性

活動のアウトドア化、単身者の増加、主婦の社会進出、核家庭化などの社会構造変化にともない、ライフスタイルも変わり、簡易な利便性が強く求められている。

包装でも携帯性、開封性、簡便性、即席性、調理食品、テイクアウトなどのニーズが高まり、また、ネット販売、無店舗販売（カタログ販売）、宅配も普及し利便性が高くなっている。

利便性のなかでもアウトドア化による携帯性は重要である。いつでもどこでも使え、易開封性や再封性があり、持ち運びに便利な容器が求められる。そのため、重くて割れやすいガラスびんや再封性のない金属缶は敬遠され、ペットボトルなどへ移行している。ペットボトルは、軽く割れず安価で、しかも少しずつ使える再封性も備えている。販売前には容易に開封できない機能と、販売後には容易に開封できる機能、同時に内容物を保護する再封性が要求される。この易開封性、再封性は、バリアフリー（BF）やユニバーサルデザイン（UD）の立場からも強いニーズがある。

外国ではプラスチック袋は容易に開封ができず、ほとんど配慮されていないが、日本では台所で調理する食品を除き、ほとんど開封できる機能がついている（図表7―1参照）。

(2) 開栓力・開封力の規格

JISでは「高齢者・障害者配慮設計指針―包装・容器―開封性試験方法（JIS S 0022）」に開栓力・開

開封構造・加工	開封方法	おもな用途
①切り口をつける	切り口から手で切る	スナック小袋、別添スープ・調味料の一般品
②カットテープ・糸を挿入	カットテープや糸に沿って開口	昆布、珍味、たばこ、CDなど
③切り込み傷をつける	多層の中間に切り込みを入れる	レトルト、スナックなど
④シール部に微細孔や傷をつける	孔部や傷部から開口	粉ミルク、スナック、液体スープなど
⑤１軸延伸フィルム使用	１軸延伸の方向に切れる	洗剤、清涼飲料水など
⑥レーザー加工	表面フィルムの一部を焼き切り、そこから切る	洗剤、香辛料など

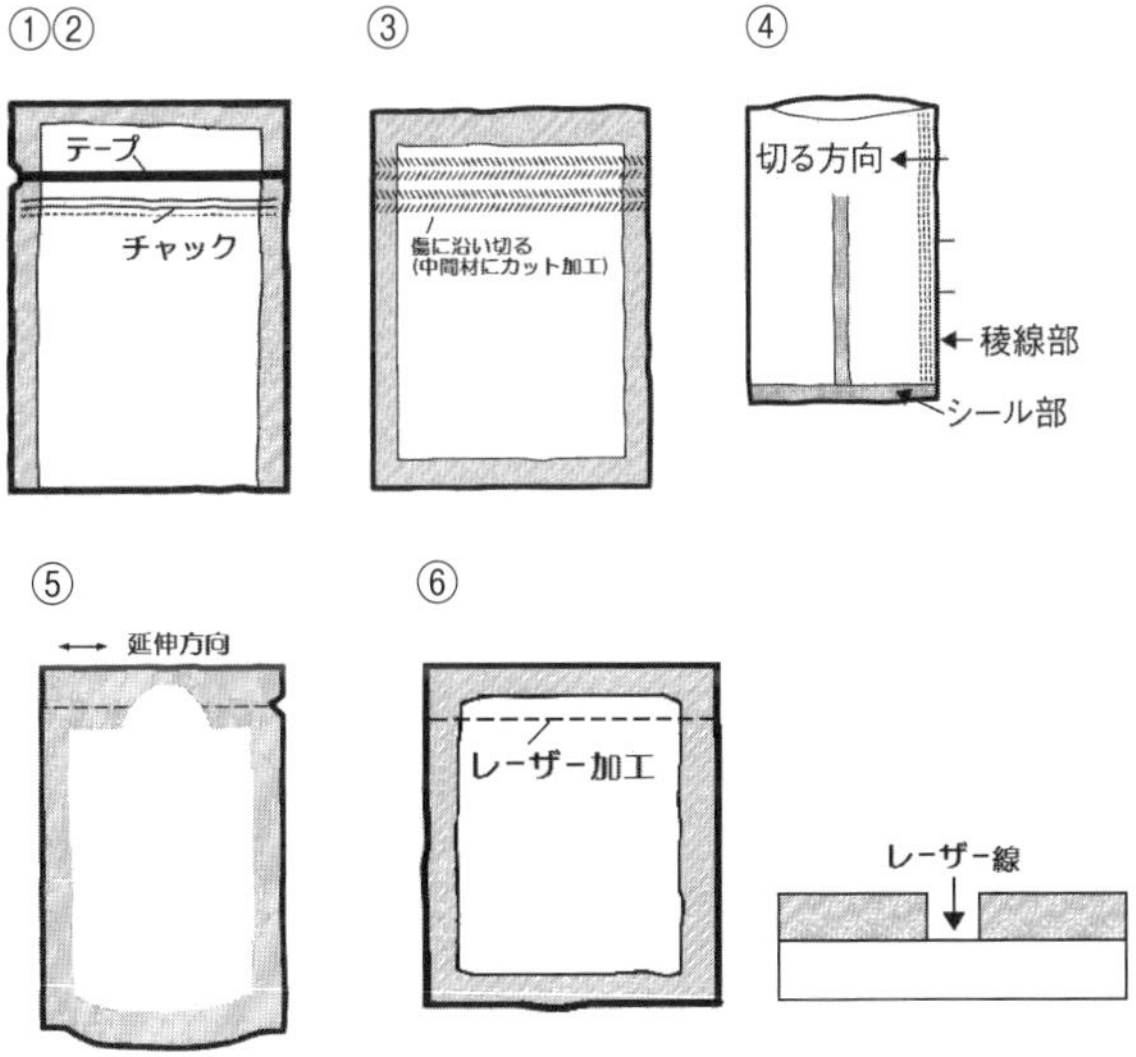

図表７－１　フィルム袋のおもな開封性

図表7－2　再封性（リクローズ）の形態

①袋	ポリファスナー付き袋、注ぎ口キャップ付き袋、粘着糊付き袋、スライド式ファスナー袋
②箱	ヒンジ箱、ヒンジフタ付き箱、こはぜ式ロック箱、中舟式タブ差込み箱、簡易開閉式箱
③成型容器	密閉フタ付き容器・被せフタ容器、ヒンジ付き容器、ヒンジ被せフタ付き容器
④プラスチックボトルガラスびん	プラスチックねじ付き容器、ヒンジフタ付き容器
⑤ガラスびん	打栓容器
⑥複合容器	口栓付き液体紙容器、口栓付きＢＩＢ

封力の規格設定の目安が示され、「ヒートシール軟包装袋及び半剛性容器の試験方法（JIS Z 0288）」には参考値としてヒートシール強度が示されている。子どもでも開封でき、ポケットに入れて動き回っても剥離しないイージーピールの最低強さを3N（ニュートン）としている。図表7―2には、少量ずつ使用できる再封性をもった形態を示した。

3　社会的弱者と共生する役割

(1) 社会的弱者とは

社会的弱者とは、乳幼児、妊産婦、高齢者、心身障害者、病者など、社会生活を営むうえで多くの障害があり、日常生活のなかで障害を取り除くよう配慮した対応が必要となる。

・乳幼児……何でも口に入れるための安全性の配慮。
・妊産婦……胎児への影響を考えた安全性の配慮。
・障害者……身体や知的障害者への配慮。
・病者……病者への配慮。
・高齢者……身体や認知障害者、嚥下《えんげ》困難者の配慮。

福祉国家や高齢社会では、社会的弱者の生きがいやアメニティーを考え、一般生活者と同じような商品やサービスが要望される。その支援のため、障壁を取り払って共生する思想がバリアフリー（BF）であり、これを包んで保護するのがバリアフリー包装（BF包装）である。

(2) ユニバーサル・デザイン包装とバリアフリー包装

BF包装が障害者の障害を排除するような包装に対し、ユニバーサル・デザイン（UD）の包装は、最初からすべての障害を排除して健常者と共存・共用できるための包装設計である。図表7－3のようにBFは社会的弱者に限定した概念であるのに対し、UDは健常者と障害者を問わない上位概念である。UDは「全ての人が、特別な改造や特殊な設計をせずに、最大限まで利用できるように

図表7－3　UDとBFとの比較

	UD	BF
概念	一般人対象の上位概念	社会的弱者の限定概念
位置づけ	コンセプト的	テクニック的
視点	人を分けない	人を分ける
行動類型	積極的で創造形	受動的で対応形
市場性	広い	狭い

資料：山下和幸氏の図表に加筆
注　：UD＝ユニバーサルデザイン、BF＝バリアフリー。

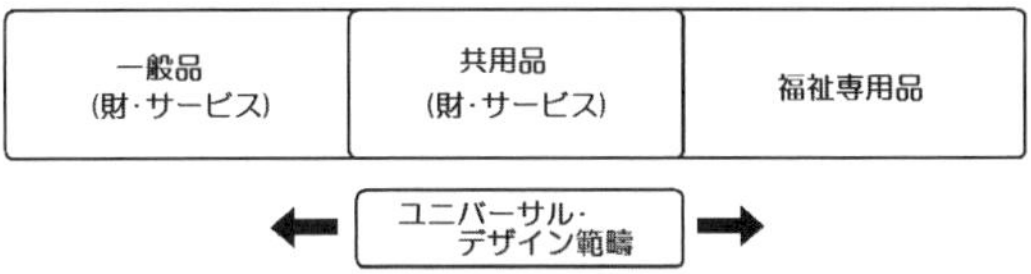

図表7－4　BFとUDとの関連性

配慮された製品や環境の設計」と定義され、両者に共通する「共用品の包装」として共用品の範ちゅうをできるかぎり広げることが命題である（図表7―4）。

UD包装の五原則とは、①必要な情報のわかりやすい表現、②簡単で直感的な使用性、③使用の際の柔軟性・安全性、④適切な重量とサイズ、⑤無理のない力や動作による使用感で、具体的に配慮した包装は図表7―5のようになる。

使用者の評価も大切な視点で、共用品の包装にはUDとしての評価項目があり、不具合なく使用でき、比較商品よりUDの評価が高く、価格が妥当なことが求められる。包装は情報伝達などのサービスを受けもつので、生活者のためのUD包装は、表示文字の書体と大きさ、視覚的にわかりやすい表示、使用期限・保存方法の表示、開け方

図表7－5　高齢者や障害者への配慮した包装

情報面	識別しやすい表示	文字（8ポイント以上）や書体（ゴシック体など）の大きさ、読みやすさ、色使い（コントラスト）を配慮、危険など注意事項は明確に表示
	わかりやすい説明、表示	明確な表示位置と、図示、イラスト、カラー写真が工夫され、単純明快なコピー表現と表示 カロリーや栄養素などの表示
	触って、触れて判断	暗所でも識別できる凹凸やエンボス、点字表示、切り欠きの工夫
	音による識別と判断	物が転がっても、どの方向かの判断可能
動作面	開けやすく、再封が簡単	手がかかりやすく、滑りにくく、強い力を要せず、簡単な再開封性（開け場を記号や絵文字で表現）
	持ちやすく、滑りにくい	形と重さ、形状や寸法のバランスがよく、ギザギザがあって落としにくい
	使いやすく、便利	中身が取り出しやすく、定量の振り出しつき
	使用後の減容化・リサイクル	かさばらなく、折りたたみやすく、分解でき、まとめやすい、識別マークの認知と啓蒙

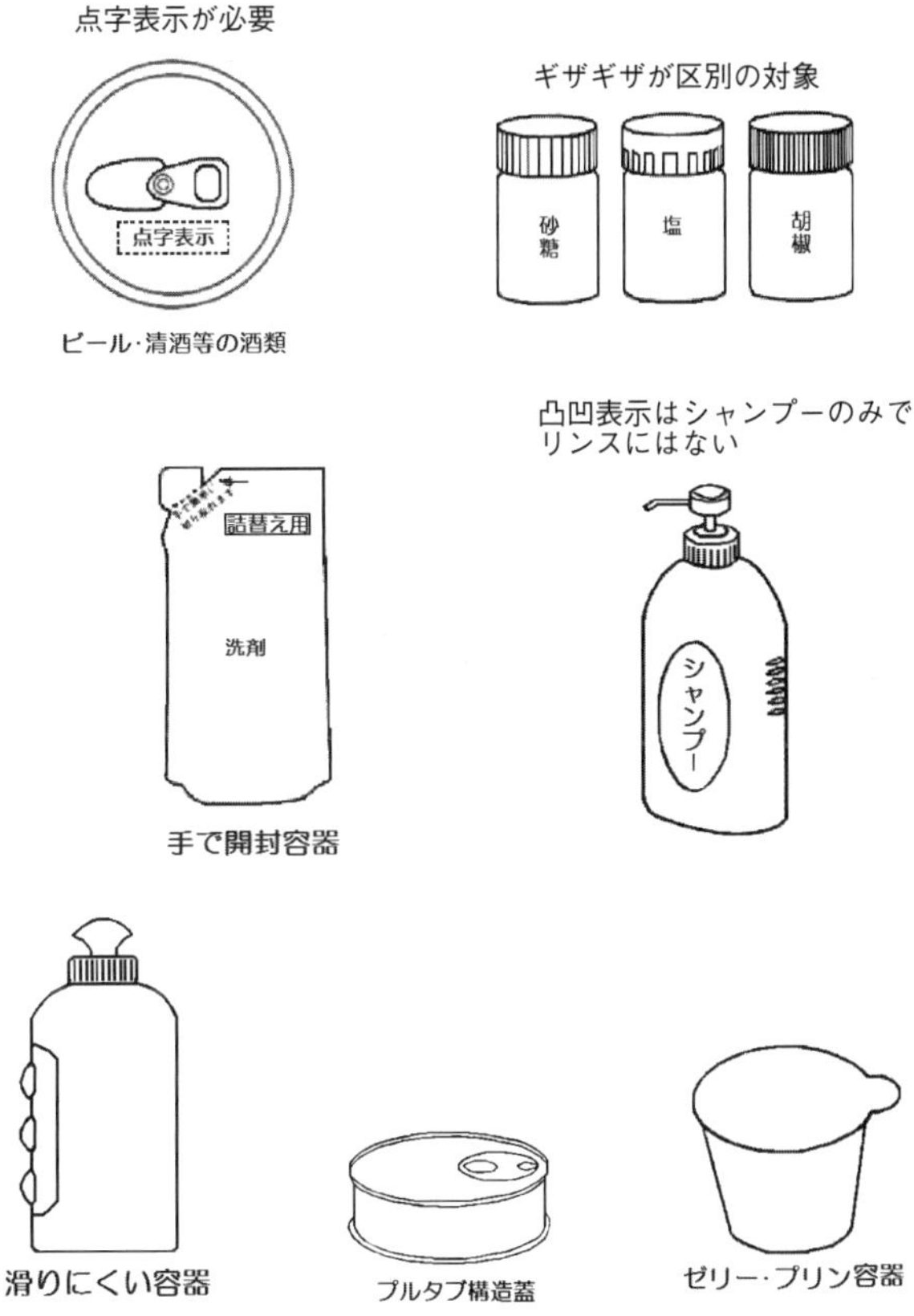

図表７－６
高齢者・障害者配慮設計指針－包装・容器
（JIS S 0021）の BF・UD

の表示、材質別の表示などが必要とされる。ＪＩＳ規格にはＵＤという用語はなく、アクセシブルデザイン（Accessible design）という言葉が使われているが、同じ概念である。また、ＪＩＳ規格には図表７—６のような具体的な図が掲載されている。

4 循環型社会への対応

(1) 環境負荷低減包装

現代では、地球規模の環境問題から国内の廃棄物問題まで、広く環境に配慮した包装製品が求められている。包装に直接影響する法律としては、「循環型社会形成推進基本法」、「資源有効利用促進法」、「廃掃法」と個別法の「容器包装リサイクル法」があり、さらに、「食品リサイクル法」、「家電リサイクル法」なども大いに関係する。

ＩＳＯ１４００１を取得するには、あらゆる環境配慮への追求が要求されるため、これにマッチした包装の材質変更と形状変更が進んでいる。

また、グリーン購入法においては、環境物品調達に「エコマーク」の環境配慮形商品とＩＳＯ１４００１の取得が前提とされる。そのため、事業者は環境負荷の少ない環境配慮形商品を開発し、その商品へと移行している。

地球温暖化ガスの二酸化炭酸の排出抑制のため、各業界に対し省エネルギーの目標が与えられている。包装においても包装材料製造時におけるエネルギーの削減が課題となっており、企業努力で減量化を図らなければならない。環境問題から派生する包装の変更には、図表７—７のように材質変更と構造を含む形状変更とがある。

図表7－7　環境負荷のための容器法の変化

形状変更	材質変更
①袋化・自立袋の増加 ……減量化、減容化	①紙化、段ボール化、パルプモールド ……生分解性
②分離可能な容器 ……分別回収	②プラスチックの増大 ……減量化、減容化
③段ボール形状変更 ……減量化 （上下トレー、背抜き）	③脱 PVC 化 ……PE、PP、PET、ナイロン、PS など
④薄肉化、軽量化、単体化 ……減量化、減容化	④表面処理 ……薄膜（蒸着、塗工、プラズマ）
⑤簡素化 ……薄肉化、軽量化 （集合、収縮包装）	⑤蒸着品の増加 ……透明蒸着、アルミ蒸着
⑥緩衝財変更 ……段ボール一体化 （外箱＋緩衝財）	⑥バイオプラ ……CO_2 削減、省エネ
⑦通い箱、リターナブル容器 ……リユース	

環境負荷低減を目指す材質変更には基本的な変更がかなり多く、①環境負荷軽減材質、②省エネルギー材質、③リサイクルしやすい材質、④減容化できる材質、⑤再使用できる材質などで、生分解性の紙への移行と、軽くて加工性に優れ環境負荷が少ないプラスチック化が進んでいる。

一方、形状変更には生活者のニーズに合わせた変更が多く、①減量化の構造、②分離可能な構造、③易リサイクル構造、④減容化可能な構造、⑤再使用できる構造などといった変化要因に対し、減量化や減容化を目指した自立袋化、薄肉化、軽量化、詰め替え容器化などが主体となる。図表7－8は3Rと、適正処理の環境技術と環境技術カテゴリーとの関連性を示し、さらに省資源への影響を示した。

このように環境問題に対し変更を含めたさまざ

リサイクル（RC）					適正処理			
同製品原料化	別製品原料化	易分別構造	サーマルRC	ケミカルRC	ごみ減容化	生分解性付与	脱塩素化	ダイオキシン削減
○	◎		○	○	△	△		
◎	○		○	○	△	△		
	◎		○	○	△	△		△
	◎							
◎	◎							
			○			○		
	○		○	◎			○	
				△	◎			
	○		○	○			◎	○
			○		○		○	○
			○	△	◎			
		○	△	◎				
○	◎	○	○	◎				
	△	△	○			△		
			○		○			
			○		◎			
				◎				
				◎				
				◎				
			○					
			○		○			
				○				
					○			
				◎				
●	●	×	×	▲	●	×	×	×

図表7－8
環境負荷削減による変更と環境技術との関連性

環境技術カテゴリー		リデュース			リユース		
		材料少量化	部材省略	省エネルギー	別目的使用	リターナブル	詰め替え
材質変更	紙化	○					
	段ボール化	○		○			
	パルプモールド化						
	金属化						
	ガラス化				○	◎	
	木関連					△	
	プラスチック化	○					
	生分解性プラスチック						
	脱塩素系材料						
	蒸着化	○		○			
	その他						
形状変更	袋化	◎					△
	自立袋化	◎				◎	
	分離可能容器化		○			△	○
	カートン化・紙缶化			○			
	段ボール形状変更	○	○	○			
	薄肉化・低層化	◎	○	○			
	軽量化	◎	◎				
	小形化	◎	◎				
	簡素化	◎	○				
	ボトル化・チューブ化						
	緩衝材関連	○					
	木製容器の形状変更			△			
	リユース・通い容器	○		○	○	◎	○
	規格化		○		◎		
	その他						
省資源への影響		●	●	●	●	●	◆

注　：1．◎；大いに影響あり、○；影響あり、△；一部影響あり
　　：2．省資源への影響＝●；影響大、◆；影響あり、▲；若干影響、×；影響なし

まな方策が企業努力でなされているが、包装は究極的にはストックではなくランニングなので、コストとのバランスが必要である。そして、包装において3Rの推進には力を注がなくてはならないが、包装設計にあっては代替え(Replace)が必要で、これを含めて4Rといわれる。

(2) カーボンフットプリントの目的と効果

地球環境問題として温室効果ガスの削減が大きな課題であり、現在、カーボンフットプリント（CFP：Carbon footprint）が試行されている。

CFPとは、図表7―9に示したように「温室効果ガスにより環境を踏みつけた足跡」という意味で、「炭素の足跡」「CO_2の見える化」といわれる。このように、商品やサービスの原材料調達から生産・搬送・使用・廃棄・リサイクルにいたるまで

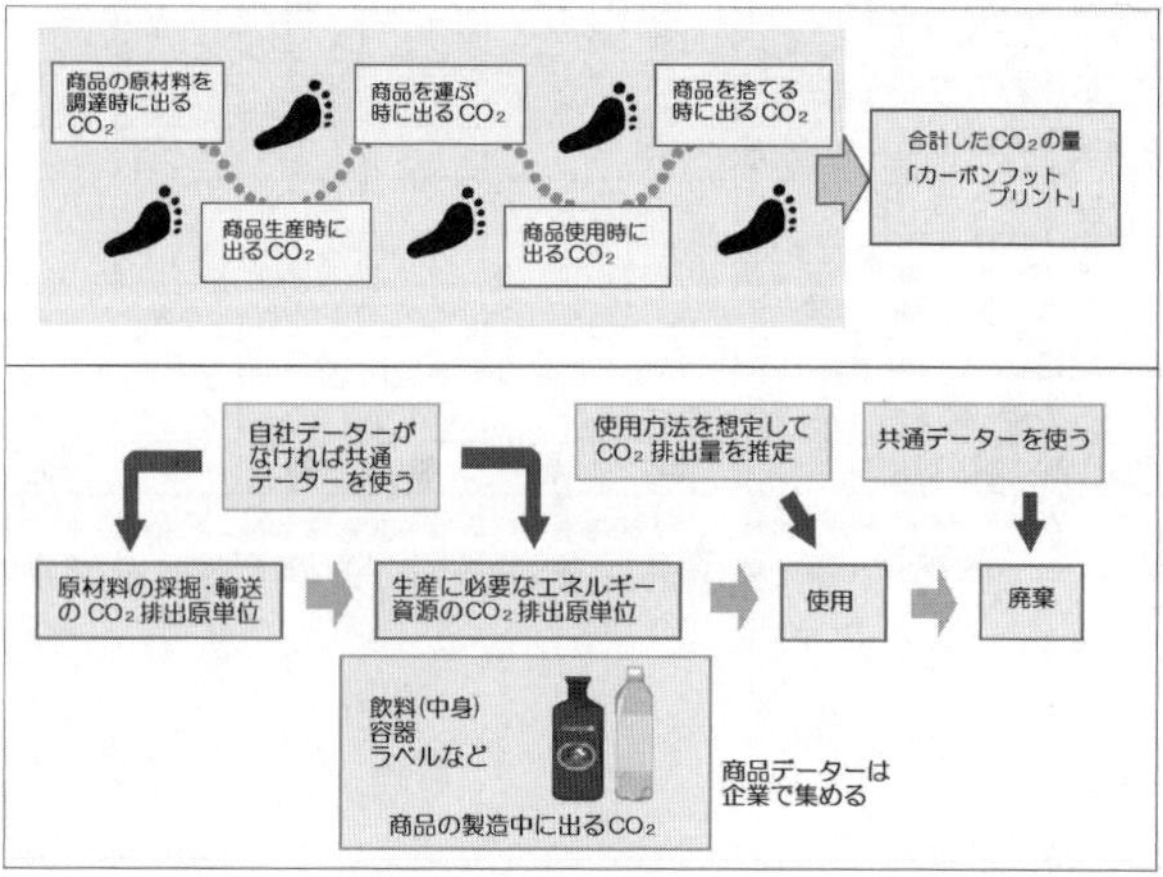

図表７－９　カーボンフットプリントの概要

のライフサイクル全体の温室効果ガス排出量をCO_2量に換算し、わかりやすく商品に表示することで、LCA（ライフサイクルアセスメント）の手法を活用して行う。

CFPは、英国、仏国、独国から出発したもので、わが国でも経済産業省から2009（平成21）年に「カーボンフットプリントの制度のあり方（指針）」およびPCR（Product Category Rule：商品別算定基準）の策定基準が発表された。CFP制度の目的は、消費者に商品の購入を通してCO_2排出量の情報を伝達し、消費者に環境への注意・配慮を向けさせ、CO_2排出量の低い商品の購買を選択させ、〝見える化（可視化）〟をはかることにあり、企業と消費者双方に対し排出の削減努力を促すことは、低炭素社会を実現につなげることになる。

CFPは図表7－10のような算定基準があり、

図表7－10　カーボンフットプリントの算定基準

①算定対象の温室効果ガス；CO_2、CH_4、N_2O、HFCs、PFCs、SF_6の京都議定書対象
②測定範囲；原材料調達・生産・流通・販売・使用・維持管理・廃棄・リサイクルの段階
③算定方式；CO_2排出量＝Σ（活動量i×CO_2排出原単位i）［iはプロセスを指す（※）］

※プロセスと原単位

プロセス名	活動量の例	原単位の例
原材料調達	素材使用量	素材1kg当たりの生産時のCO_2排出原単位
生産	組み立て重量	重量1kg当たりの組み立て時のCO_2排出原単位
生産時	電力消費量	電力1kwh当たり発電時のCO_2排出原単位
流通・販売	輸送量（kg・km）＝輸送距離×積載率×トラックの積載量	商品の輸送量1kg－km当たりのCO_2排出原単位
使用・維持管理	使用時電力消費量	電力1kwh当たり発電時のCO_2排出原単位
廃棄・リサイクル	埋め立て重量	1kg埋め立て時のCO_2排出原単位

資料：中庭知重「カーボンフットプリント海外動向」包装技術（2009.5）（社）日本包装技術協会
注　：温室効果ガスの排出量を二酸化炭素に換算して「g－CO_2換算」「kg－CO_2換算」「t－CO_2換算」で表示し、表示単位は「g」「kg」「t」を用いる。

これが基本ルールとなるが、課題は輸送方法や移動距離によりCO_2の排出量は変わるため、算出条件を明確にする必要がある。しかし、企業ごとに異なると消費者に正確な情報を提供できないため、2009年3月に経済産業省において、表示方法や算定方法の基本ルールを策定している。信頼性を確保するためには「第三者による検証制度」が必要とされる。

わが国では、図表7―11に示したような表示マークが経済産業省で定められている。この図の場合には、温室効果ガスの排出量をCO_2に換算して123g排出していることになる。企業にとってCFPは、自社の排出量を把握し、より効果的な削減対策を推進できる構造への転換を図ることができるもので、対外的に情報公開することで低炭素社会における自社企業製品の競争力強化につ

（参考資料）カーボンフットプリントの算定・表示に関する一般原則（TS Q 0010：2009）

図表7－11　表示マーク

なげることができる。世界に先駆けて行っている英国のカーボントラスト社では「カーボン削減ラベル」のスキームを作成している。

5 悪戯防止、未使用確認など安全・安心への役割

アメリカで、高級ウイスキーを箱から抜き取り、安物にすり変える盗難が続いたため、アルミ製PPキャップ（PP＝Pilfer Proof）が普及した。日本でも、菓子に青酸カリウムを入れる事件が発生し、いたずら（悪戯）防止包装が必要となった。

しかし、悪戯を完全に防止するには、ガラスや金属容器に入れて密栓したり、二重巻締めしたりする包装以外には無理であるが、その容器ですら毒入れのものと交換されれば防ぎようがない。よって、完全な悪戯防止は不可能といえる。

通常の食品包装容器は完全に密封されるので、注射器で毒物を入れないかぎり、包装材料を通過して内部に入ることはない。冷凍ギョウザ事件でも孔の有無が問題になったが、孔がなければ製造時に故意に混入されないかぎり、致死にいたらしめる量の毒物は透過しない。

単なる悪戯であれば、罪を犯す人の良心をよび起こしたり、買い手が疑問に思う正確な判断をしたりすることにより未然に防止できる。しかし、開封したという証拠を残すことが原則ならば、包装によって開封確認性を付与することで対応できる。食品や医薬品による事故は致死につながりかねないため、開封した証拠を残すことが包装の大きな役割で、未使用性、開封確認性が重要な機能となる。一般の包装品は、密閉、密栓により未使用

性が保たれるが、とくに安全性を高めるには図表7—12のようなタイトな上包み、収縮包装、キャップシール、PPキャップなどが必要とされる。
乳幼児用の医薬品包装では、子どもの手の届かない場所に置くのが常識であるが、もし間違って手元に置いた場合でも、簡単には開封・開栓できないよう、押しながら回すなどの2つの動作がなければ開封できない構造が必要となる。また、子どもが脱酸素剤の入った袋を噛んで破り食べる事故が過去にあったが、いまは容易に噛みきれないワリフなどの材料を中間層に入れた袋となっている。ワリフとは、プラスチックをテープ状にしてタテと横に配したもので、強い強度をもっている。生活者、とくに高齢者には開けやすい包装品が求められるなかで、悪戯防止包装は容易に開封できない難開封性・未使用性・開封確認性が求められる。

図表7－12　未使用機能をもたせた包装

オーバーラップ（上包み）包装	タイトに包装されており、開封時に破壊し開封証拠が残る。たばこやCD包装に使用され、カットテープで簡単に破壊開封する。
シュリンク（収縮）包装	加熱収縮させるとタイトに包装できる。開封時にミシン目より軽い力で簡単に開封でき、破壊されやすく、復元性はない。
キャップシール	びん栓の安全性を高めるためのシュリンク包装の応用で、ミシン目で簡単に開封ができ、破壊され復元できない。
ピルファープルーフキャップ（PPキャップ）Pilfer-proof	アルミ製キャップで、キャップと同時に下部をタイトにびんに固定するため未使用性があり、ミシン目から簡単に破壊・開封される。
PTP（Press Through Package）	成形した凹みに錠剤などの医薬品を入れ、フタは薄いアルミ箔を使用し、封緘したもの。開封時は押出しアルミを突き破る構造で、未使用性が高く、破壊しやすい機能がある。
いたずら防止ラベル	破れやすい薄い紙用ラベルや剥離すると変色するラベルなどで、破壊の証拠が残る構造。

第8章 食品包装に関連する法規制

食品包装に関連するおもな規格・規制を以下にまとめた。

(1) 消費者保護に関連する事項

① 商法

商行為を規定する法律で、以下の法律の基になる基本法律（遵守義務）

② 独禁法と公正取引法

「私的独占の禁止及び公正取引の確保に関する法律」が正式で、公正取引法は取引の指針（遵守義務）

③ 不正競争防止法

商号、商標、工業所有権などの保護による適性競争と不正表示の禁止（遵守義務）

④ 消費者基本法

消費者の商品および財産を危害から守る基本法で、情報公開も含む（遵守義務）

⑤ 景表法

「不当景品類及び不当表示防止のための法」が正式で、不当な景品類や表示の防止と罰則するための法規制（公正競争規約）（遵守義務）

⑥ 製造物責任法（ＰＬ法）

製造物の欠陥で生命、財産などに被害が生じたときに製造者が責任を負う法規制（遵守義務）

⑦ 消費者保護条例

都道府県や政令指定都市などが消費者を保護するために作った条例（遵守義務）

⑧ 適正包装の自主規格

適正包装をめざし都道府県等条例を基準に業界

の自主目標を立て努力する規格（遵守目標）

(2) 衛生・安全に関連する事項

① 食品衛生法

食品の衛生安全法規制で、食品自体とともに包装材料も規制対象（遵守義務）

② 食品表示法

食品衛生法、ＪＡＳ法、健康増進法などの表示を一元化した規制基準（遵守義務）

③ 医薬品医療器機等法

医薬品・医療品の安全性と品質保持の法規制で、包装状態での認可（遵守義務）

④ ＨＡＣＣＰの対応

食品の微生物衛生管理と製品の安全性を確保する管理手法で、特定商品の法制化（食衛法）（承認者の遵守義務）

⑤ ＧＭＰへの対応

医薬品・医療品の衛生性と安全性の確保と、製造場を区分し混入防止の設備と管理する手法（医薬品医療機器等法）（遵守義務）

⑥ 容器の衛生管理

法規制の合致物質を使用するため業界が自主的にリスト作成（自主規格）

⑦ 環境の衛生管理

食品に接する包装材料製造の衛生的な設備と管理を業界が自主的に行う（自主規格）

⑧ 機械操作の安全性

包装機械の労働安全を高める安全基準でＰＬ問題からも重視され、ＥＵ規格（ＣＥマーキング）、業界規格（ＰＡＳＳマーク）などがある（遵守推奨）

⑨ 素人職場安全

素人職場の職場環境と安全性、危険・汚い・き

つい職場の払拭（自主整備）

⑩日本工業規格

工業品の標準化により安定した品質を確保する規格（ＪＩＳ）（遵守義務）

⑪日本農林規格

農産物、食品などの品質を確保するための規格（ＪＡＳ）（遵守義務）

⑫ＩＳＯ９００１の品質保証

マニュアル化、文書化、記録などを行う品質保証を行う管理手法で、認定制度（自主取得）

(3) 社会的弱者などに関連する事項

①社会的弱者への対応

高齢者・心身障害者などに特別に配慮した、健常者とは異なるわかりやすい包装（ＢＦ、ＵＤなど）（自主配慮）

②幼児の開封防止

医薬などの誤飲防止のチャイルドレジスタント包装（自主配慮）

③いたずら防止

毒物を入れても開封確認できる包装で、バージン性も必要（自主配慮）

(4) 環境問題に関連する事項

①地球環境問題

地球温暖化現象、オゾン層破壊、酸性雨、温暖化、海洋汚染、砂漠化、熱帯雨林の減少、野生種の減少、低開発国の公害など（国際間討議で対応）

②廃棄物問題

容器包装リサイクル法など処理問題と道徳問題対応（ポイ捨てなど）（遵守義務）

③ ＩＳＯ１４００１の対応

マニュアル化、文書化、記録を行うなどの環境負荷低減企業をめざし、環境認証を取得―マニュアル化、文書化、記録などの手法（自主取得）

(5) 資源・エネルギー問題に関連する事項

① 省エネルギー化

温暖化現象の原因となる二酸化炭素（CO_2）を削減するための省エネ化（各国目標）

② 資源供給と活用

資源の有効活用と安定供給、再生可能なエネルギーの活用（自主配慮）

(6) 情報伝達に関連する事項

情報伝達

消費者基本法、不正競争防止法、景表法、個人情報保護法など消費者保護に関連した法規制が多い。各種法規制、商品情報、使用情報、ＵＤ機能情報、注意喚起、禁止情報などの各種情報表示が必要（法規制は遵守義務）

(7) 企業の社会的責任に関連する事項

企業の社会的責任

企業の経営理念として自由・公正・透明性をもち品質・衛生・安全・環境のマネジメントを遂行しながら、企業の内外部とコミュニケーションを取りすべてに社会的責任をもつこと（各国目標）

参考資料・文献

石谷孝祐「食品の品質・風味保持と包装」（包装技術学校テキスト）日刊工業新聞社（2010年）
石谷孝佑、水口眞一、大須賀　弘「トコトンやさしい包装の本」日刊工業新聞社（2010年）
太田静行「半冷結法 水産物の鮮度保持」筑波書房（1990年）
近藤浩司「最新機能包装実用事典」フジテクノシステム（1994年）
芝崎　勲「食品と微生物　食品包装講座11回」（PACKS）日報（1982年）
芝崎　勲「新・食品殺菌工学」光琳（1998年）
中川善博「微生物制御と包装」（包装技術学校テキスト）日刊工業新聞社（2010年）
松田典彦、藤原忠「容器詰食品の加熱殺菌（理論と応用）」（社）日本缶詰協会（1998年）
水口眞一「包装のはじまり パッケージ」紙業タイムス社（2004年）
水口眞一「Q&Aで学ぶ包装技術実務入門」日刊工業新聞社（2010年）
水口眞一「包装材料の知識［I］」（包装技術学校テキスト）日刊工業新聞社（2010年）
水口眞一「包装材料の知識［II］」（包装技術学校テキスト）日刊工業新聞社（2010年）
水口眞一「紙器とラベル」（包装技術学校テキスト）日刊工業新聞社（2010年）
水口眞一「消費者包装の役割と機能」（包装技術学校テキスト）日刊工業新聞社（2010年）

水口眞一「包装の役割と機能」（包装技術学校テキスト）日刊工業新聞社（２０１０年）
水口眞一「包装の社会性」（包装技術学校テキスト）日刊工業新聞社（２０１０年）
水口眞一「包装学校テキスト」（社）日本包装機械工業会（２０１０年）
水口眞一「食品包装入門シリーズ（No1～No26）」（月刊 食品工場長）日本食糧新聞社（２００７～２００９年）
水口眞一、日本技術協会監修「Q＆A容器包装規格基準手引き」新日本法規出版（２０１０年）
水口眞一「ヒートシール機能を付与させた包装技術」（機能性包装入門）日刊工業新聞社（２００２年）
水口眞一「容器＆包装　現場で役立つ食品ハンドブック　キーワード３６５」日本食糧新聞社（２００７年）
国立研究開発法人 科学技術振興機構ＨＰ（２０１０年）
四国化工機㈱資料
凸版印刷㈱資料・カタログ（２０００年～）
日本ガラスびん協会資料（２０１０年）
日本プラスチック工業連盟資料（２０１０年）
（一社）日本包装機械工業会資料
（公社）日本包装技術協会資料
㈱レンゴーＨＰ（２０１０年）

著者の略歴

水口眞一（みなくちしんいち）

水口技術士事務所所長

1960（昭和35）年凸版印刷㈱入社、印刷、ラミ貼合、製袋などの技術員となる。1981年同社包装研究所所長となり、建装材研究所所長、パッケージ事業本部理事を経て、1993年㈱東京自働機械製作所（包装機械）企画部長を務める。1996年水口技術士事務所開所、現在にいたる。日本包装技術協会（技術参与、各種委員会委員、東京パック包装相談員など）、日刊工業新聞社（「包装技術学校」副委員長、基礎コース主査など）、日本包装機械工業会（役員参与、「包装学校」講師、ジャパンパック包装相談員）、日本食糧新聞社（資材表彰審査委員03年〜など）、日本食品包装研究会協会関西支部講師、共立女子大学臨時講師、職業能力開発大学校臨時講師、技術士包装物流会元会長、包装コンサルタント、ジェトロなど技術指導海外派遣など務める。

【おもな著書】

「輸送・工業包装の技術」フジ・テクノシステム（2002）、「Q＆A規制・基準の手引」（編集主査と執筆）（社）日本包装技術協会（2002〜）、「包装機械とメカニズム」（社）日本包装機械工業会（2002）、「食品設備・機器事典」、産業調査会（2002）、「パッケージ」紙業タイムス社（2004）、「機能性・環境対応包装材料の新技術」シーエムシー・リサーチ（2003）、「トコトンやさしい包装の本」（共著）日刊工業新聞社（2010）、「Q&Aで学ぶ包装技術実務入門」日刊工業新聞社（2010）など

本書は、「食品包装－包装が食品の安全・安心を守る！－」を改訂・再編したものです。

食品知識ミニブックスシリーズ **「食品包装入門」**

定価：本体1,200円（税別）

平成28年9月9日　初版発行
令和2年 9月25日　初版第2刷発行

発行人：杉田　尚
発行所：**株式会社　日本食糧新聞社**
〒103-0028　東京都中央区八重洲1-9-9
編　集：〒101-0051　東京都千代田区神田神保町2-5
北沢ビル　電話03-3288-2177
FAX03-5210-7718
販　売：〒104-0032　東京都中央区八丁堀2-14-4
ヤブ原ビル　電話03-3537-1311
FAX03-3537-1071
印刷所：**株式会社　日本出版制作センター**
〒101-0051　東京都千代田区神田神保町2-5
北沢ビル　電話03-3234-6901
FAX03-5210-7718

カバー写真提供：PIXTA
ISBN978-4-88927-257-4　C0200